AF474677

LA
FONCTION ADIPOGÉNIQUE
DU FOIE
DANS LA SÉRIE ANIMALE

PAR

Mlle C. DEFLANDRE
Docteur ès sciences naturelles.

PARIS
FÉLIX ALCAN, ÉDITEUR
108, BOULEVARD SAINT-GERMAIN, 108

1903

A MONSIEUR

LE DOCTEUR PAUL GARNOT

DOCTEUR ÈS SCIENCES

MÉDECIN DES HOPITAUX DE PARIS

Hommage respectueux et reconnaissant.

INTRODUCTION

Le foie, par la place considérable qu'il occupe dans l'organisme, apparaît comme une des glandes les plus importantes de l'économie. Cette importance était déjà reconnue des anciens; GALIEN, notamment, parle du rôle du foie pendant la période digestive, du rapport de ses altérations avec les hémorragies, enfin et surtout du rôle de la sécrétion biliaire.

Mais l'étude méthodique des diverses fonctions hépatiques ne date, en réalité, que de MAGENDIE et surtout de CLAUDE BERNARD : l'analyse qu'a faite l'illustre savant de la fonction glycogénique du foie est, encore aujourd'hui, le plus admirable modèle que puisse se proposer un physiologiste.

Depuis, on a successivement mis en lumière la fonction uropoiétique du foie, sa fonction antitoxique, sa fonction martiale, sa fonction pigmentaire : chacune d'elles a été analysée expérimentalement et cliniquement; à cet égard, le foie est sans contredit la glande la mieux étudiée de l'organisme.

La fonction adipogénique du foie, dont nous entreprenons l'étude, avait, elle aussi, été entrevue depuis la plus haute antiquité : les gourmets romains, comme nos contemporains, appréciaient déjà le goût et la finesse des foies gras de volailles. L'utilisation médicamenteuse des diverses huiles de foie de poissons remonte, d'autre part, à une date très ancienne. On avait également reconnu, depuis fort longtemps, la dégénérescence graisseuse pathologique du foie.

La présence histologique de graisse dans le foie avait été décrite chez les Invertébrés (Leydig), chez les Volailles (Lereboullet), chez les Mammifères en lactation (Ranvier, de Sinety). Récemment encore, M. Dastre insistait sur l'importance de la graisse dans le foie des Crustacés.

La nature chimique des graisses du foie avait également attiré l'attention : nous rappellerons, en particulier, le mémoire de Dastre et Morat sur la présence de lécithines dans le foie; depuis, on a décrit la jécorine, le protagon, etc.

Si la question de la fonction adipogénique du foie a été abordée déjà par différentes voies, il ne semble pas qu'elle ait fait le sujet d'un travail d'ensemble, ni qu'on se soit beaucoup préoccupé de son rôle et de sa signification : tel est l'objet du présent travail.

Nous avons examiné méthodiquement la glande hépatique, au point de vue de sa fonction adipogénique, dans toute la série animale; ce faisant, nous avons été frappés de la variation considérable que présente cette fonction, suivant l'époque de l'année à laquelle a lieu l'examen : il est relativement rare que la glande hépatique soit surchargée de graisses d'un bout à l'autre de l'année; le plus généralement la graisse apparaît très abondante pendant quelques semaines, quelques mois, ou au cours d'un état physiologique déterminé; puis elle disparaît presque complètement.

C'est surtout en cherchant la cause de ces variations saisonnières ou physiologiques, que nous avons été amenée à rechercher le rôle et la signification de la fonction adipohépatique.

Nous avons reconnu que, si un certain rapport existait indubitablement entre le genre de vie, le genre d'alimentation d'un animal, d'une part, et l'importance des réserves graisseuses de son foie; d'autre part, il n'expliquait qu'imparfaitement leurs variations saisonnières; pour un grand nombre d'espèces, par contre, s'impose l'idée d'une coïncidence avec la période de reproduction. Cette idée directrice était d'ailleurs étayée par tout un faisceau de preuves d'ordre anatomique et physiologique qui ont entraîné notre conviction et que nous chercherons à mettre en évidence dans ce travail.

Ce travail est divisé en deux parties : après l'exposé de notre *technique*, chimique et histologique, la première partie comprend *l'étude analytique de la fonction adipogénique du foie dans la série animale* : nous décrivons, suivant l'ordre de la classification zoologique, les constatations que nous avons faites pour chaque espèce, relativement à la structure du foie, à la présence de la graisse, à sa topographie, à ses variations.

Dans une deuxième partie, nous reprenons l'*étude synthétique de la fonction adipogénique du foie et de sa signification* : utilisant les documents amassés dans la première partie, nous étudions successivement les diverses influences qui paraissent commander la fonction adipogénique, le rôle du milieu thermique, celui de l'alimentation et surtout l'importance primordiale que la constitution des réserves embryonnaires paraît avoir comme cause déterminante de la fonction adipo-hépatique. Tel est le plan général de ce travail.

Il nous reste le devoir bien agréable de remercier les maîtres qui nous ont dirigée dans ces études, et qui nous ont facilité notre tâche :

Ces recherches ont été faites, en majeure partie, au laboratoire de thérapeutique de la Faculté de Médecine, où l'étude des fonctions du foie est toujours à l'ordre du jour :

Nous remercions M. Gilbert, dont les belles recherches ont tant fait progresser la pathologie du foie, de nous avoir accueillie parmi ses élèves et de nous avoir guidée de ses conseils; nous remercions aussi son chef de laboratoire, M. Paul Carnot, qui nous a proposé ce sujet de thèse, et sans le secours duquel il nous eût été difficile de le mener à bien.

Notre maître, M. Giard, a bien voulu nous permettre de

compléter notre travail au laboratoire de Wimereux, et d'y recueillir un grand nombre de pièces zoologiques; nous le remercions des excellents conseils qu'il nous a toujours donnés.

Nous remercions également M. Yves Delage, qui nous a permis de compléter nos échantillons à Roscoff, de l'accueil bienveillant qu'il nous a fait à son laboratoire.

Enfin, nous n'aurons garde d'oublier notre maître, M. Dastre, qui, en élève et continuateur de Claude Bernard, a une prédilection pour la physiologie du foie et a fait en ce domaine tant de remarquables découvertes, de nous avoir encouragée à développer ce travail, et de nous avoir, maintes fois, prodigué ses conseils.

LA FONCTION ADIPOGÉNIQUE
DU FOIE
DANS LA SERIE ANIMALE

TECHNIQUE

Deux méthodes s'offrent à nous, qui permettent de rechercher les graisses dans le foie : une *méthode chimique* et une *méthode histologique*.

La *Méthode chimique* consiste à extraire les graisses par l'éther, à évaporer la solution, à purifier le résidu, et à peser. Elle a le grand avantage d'être précise, de donner des chiffres comparables les uns aux autres, qui permettent de juger rapidement de la richesse du tissu en réserves graisseuses.

Cette méthode peut être utilisée avec succès chez de gros animaux, dont le foie est assez volumineux pour permettre une analyse dosimétrique; mais il n'en est pas de même lorsqu'il s'agit de petites espèces, dont la glande hépatique pèse à peine quelques centigrammes : l'analyse chimique ne serait alors possible qu'en rassemblant, au préalable, le foie d'un grand nombre de ces animaux, ce qui est souvent difficile, parfois impossible, et ce qui enlève toute précision aux résultats ainsi obtenus.

La *Méthode histologique* n'a pas cet inconvénient; elle utilise principalement la propriété que possède l'acide osmique de se réduire, et de se déposer à l'état d'osmium, au contact des matières grasses : elle met ainsi en évidence des quantités minimes de graisse, dans un tout petit fragment d'organe, sous forme de petites granulations noirâtres d'osmium réduit, qui en indiquent à la fois la nature et la topographie.

Cette méthode permet de localiser la graisse dans telle ou telle cellule, d'en suivre l'origine et l'aboutissant : elle a donc, pour le physiologiste, un grand avantage.

D'après les méthodes employées jusqu'ici, on ne pouvait histologiquement distinguer les différentes graisses; l'acide osmique se réduit, en effet, en présence des Graisses, des Lécithines, et des Savons; mais nous indiquerons une technique histo-chimique nouvelle, qui nous permettra de les distinguer.

Les méthodes chimique et histologique donnent-elles des résultats comparables? Dans la très grande majorité des cas, l'analyse chimique confirme les données de l'analyse histologique. Toutes deux se complètent admirablement : l'une, fournissant des mesures comparatives; l'autre, précisant la répartition topographique. Généralement, les organes qui fournissent le plus de graisse, par extraction éthérée, sont aussi ceux qui contiennent le plus de granulations noirâtres d'osmium réduit. Cependant, il semble qu'une certaine quantité de graisses échappe à la réduction par l'acide osmique. C'est ainsi que le foie des animaux supérieurs ne révèle, à l'acide osmique, aucune surcharge graisseuse, alors que l'analyse chimique, portant sur l'organe entier, démontre la présence normale d'une certaine quantité de graisses. Inversement, la réduction d'osmium ne permet pas toujours d'affirmer la présence de graisse dans un tissu. C'est ainsi que, récemment, Siegert (68), étudiant chimiquement l'autolyse du foie, et la production de graisses après la mort, a constaté que ni l'extrait éthéré, ni les acides gras fixes ne sont chimiquement augmentés, alors que toutes les cellules de l'organe autolysé sont remplies de gouttes transparentes noircissant par l'acide osmique : ces faits ont besoin de confirmation, mais ils tendraient à indiquer quelque discordance entre les deux procédés que l'on peut actuellement utiliser.

Aussi croyons-nous qu'aucune des deux méthodes ne doit être exclusive, et qu'elles doivent se compléter l'une et l'autre. Nous avons utilisé surtout dans ce travail la *méthode histologique*, qui, par sa topographie et sa finesse, nous a donné des résultats beaucoup plus intéressants que la méthode chimique. Mais nous avons tenu à compléter, et à comparer les données ainsi obtenues, par un certain nombre de dosages chimiques. Aussi allons-nous brièvement décrire la technique chimique et la technique histologique, simultanément employées par nous.

1° *Méthode chimique.*

Pour obtenir des résultats numériques précis, il est nécessaire d'opérer sur un certain poids d'organes, atteignant un minimum de quelques grammes : 10 grammes suffisent généralement. Si l'animal est assez volumineux (Chien, Lapin, Cobaye) on prélève, pour l'analyse, tout ou partie de son foie. S'il est de petites dimensions (Escargot, Ecrevisse, etc.), on doit rassembler 8 ou 10 foies d'individus différents, que l'on choisit, autant que possible, dans les mêmes conditions physiologiques. Pour les animaux plus petits encore, la méthode chimique est inapplicable, et l'on doit se contenter de la méthode histologique.

Dosage de l'extrait éthéré. — L'organe est pesé à l'état frais, broyé dans un mortier, et desséché dans le vide sulfurique, à la température du laboratoire, ou mieux à l'étuve à 50°, pour hâter l'opération et éviter la putréfaction du tissu. On obtient ainsi une poudre sèche, finement broyée; on en pèse un certain poids, on l'introduit dans un tube-filtre pour dosage de graisses, et on la soumet à l'épuisement, par l'éther, dans un petit appareil de Soxhlet.

Rappelons, en deux mots, le principe de cet appareil : Une certaine quantité d'éther anhydre est mise dans un ballon taré, puis soumise à l'ébullition; les vapeurs s'élèvent, passent dans un tube réfrigérant, se condensent, et retombent sur la substance hépatique; elles se chargent des matières grasses que cette substance peut renfermer, et retombent dans le ballon, à l'aide d'un siphon, lorsque le niveau de l'éther, s'étant élevé progressivement, a atteint le sommet du siphon, et l'a automatiquement amorcé. L'éther, chargé de graisse, s'évapore à nouveau en abandonnant la graisse au fond du ballon, distille de nouveau, repasse sur la substance hépatique, etc. On laisse l'épuisement se poursuivre pendant quatre heures, puis on distille l'éther; on sèche le ballon par un courant d'air sec; on le met à l'étuve à 100° pendant un quart d'heure; après refroidissement, on pèse. On obtient ainsi le poids de l'extrait éthéré, que l'on peut considérer, sans grande erreur, comme le poids total des graisses contenues dans la substance analysée; on rapporte le chiffre obtenu, d'une part au poids de l'extrait sec, d'autre part au poids de l'organe frais soumis à l'analyse, et enfin au poids total de cet organe.

Dosage des Lécithines. — Pour doser les *Lécithines*, qui se composent, comme on le sait, d'acides gras, d'une base (névrine, choline, etc.) et d'acide glycéro-phosphorique, on dose simplement l'acide phosphorique contenu dans l'extrait éthéré. On le dose généralement à l'état de pyrophosphate de magnésie : à cet effet, on précipite l'acide phosphorique sous forme de phosphate ammoniaco-magnésien que l'on change ensuite, par calcination, en pyrophosphate de magnésie et on détermine le poids de ce dernier qui, multiplié par 7,25, représente le poids de Lécithine : on rapporte ce poids aux poids de l'organe sec et de l'organe frais.

Pour faire cette opération, on reprend l'extrait éthéré obtenu au cours des opérations précédentes, pour le dosage des graisses; on peut aussi faire l'extraction avec un mélange de parties égales d'alcool et d'éther; on dissout cet extrait dans l'éther; on le fait passer dans une capsule de platine, on évapore l'éther et on calcine au rouge le résidu, avec un mélange, à parties égales, de nitrate de potasse et de carbonate de soude. On reprend le résidu par le moins d'eau possible; on décante dans un verre de Bohême et on ajoute 10 c. c. d'acide chlorhydrique concentré, pour détruire les carbonates; on fait chauffer dix minutes au bain-marie, ce qui facilite la réaction. Après refroidissement, on neutralise avec de l'ammoniaque, jusqu'à odeur forte; puis on ajoute 5 c. c. de la mixture magnésienne suivante : sulfate de magnésie, 1 partie; chlorhydrate d'ammoniaque, 1 partie; eau, 8 parties; on laisse reposer vingt-quatre heures. On filtre sur un filtre sans cendre; on lave plusieurs fois le verre avec de l'ammoniaque que l'on jette sur le filtre; puis on fait sécher celui-ci dans une étuve à 100°; en dernier lieu, on le calcine, dans une capsule de platine tarée, et on pèse, après refroidissement, sous une cloche sèche. Le poids obtenu représente le poids de pyrophosphate de magnésie, qui, multiplié par 7,25, donne le poids de Lécithine contenue dans la substance analysée.

La différenciation chimique des graisses est extrêmement difficile : il s'agit là d'ailleurs d'un problème purement chimique, que nous n'avons pu traiter dans tous ses détails.

En effet, il semble que le foie contienne :

1° Des graisses;

2° Des graisses phosphorées;

3° Des graisses phosphorées et soufrées.

Parmi les graisses phosphorées, les *Lécithines* sont assez bien connues depuis les travaux de Gobley; elles sont constituées par une combinaison des différentes graisses avec un acide (acide glycéro-phosphorique), et avec une base (névrine, bétaïne, choline); néanmoins, les chimistes ne sont pas absolument d'accord sur les caractères distinctifs de solubilité de ces corps.

Les *protagons* rentrent également dans la catégorie des réserves graisseuses relativement mal connues.

Enfin, la *Jécorine*, qui a été isolée du foie, et qui est connue principalement par les recherches de Drechsel (21), de Baldi (1), de Jacobsen (36), de Manasse (47), est une combinaison de graisses avec des substances phosphorées d'une part, sulfurées d'autre part, et donne du sucre par sa décomposition.

La composition exacte et le dosage de ces diverses substances, et même des diverses graisses de l'économie, sont très peu connus; il s'agit d'un problème chimique très aride et qui est loin d'être élucidé; bien d'autres combinaisons des graisses seront encore probablement découvertes; aussi, ne peut-on pas préciser exactement la nature et les proportions des différentes graisses qui existent dans le foie.

D'autre part, ces graisses se transforment probablement les unes dans les autres : c'est ainsi que la Lécithine se décompose en donnant des graisses sous un grand nombre d'influences.

Il est probable que dans le foie, d'après la théorie de Dastre et Morat (17), la Lécithine se décompose en graisses et en acide glycéro-phosphorique; celui-ci, d'après Lépine (42), se retrouverait dans les urines (phosphore organique) : la présence de glycérophosphates dans l'urine indiquerait la surcharge du foie en graisses, et la transformation des Lécithines en graisses.

Quelles que soient ces mutations, on ne connaît encore ni les différentes graisses du foie, ni leur origine, ni leur transformation; aussi nous contenterons-nous d'indiquer :

1° Le chiffre total des graisses par le poids de l'extrait éthéré;

2° La quantité totale de phosphore contenue, d'une part dans l'extrait éthéré à chaud, d'autre part dans l'extrait alcoolique, et que l'on peut provisoirement considérer comme représentant le chiffre des Lécithines.

Dosage des savons. — Pour chercher les savons, on reprend la substance sèche, qui a déjà été épuisée par l'éther; on la fait bouillir dix minutes dans l'eau distillée, on filtre : la solution renferme les savons; on ajoute de l'acide chlorhydrique, ou sulfurique étendu (1/5 à peu près); on agite avec de l'éther; on verse le tout dans un tube à boule, on laisse reposer douze heures.

On recueille l'éther qui nage à la surface, et qui contient les acides gras mis en liberté par cette manœuvre. En distillant l'éther et en pesant, on a le poids des acides gras, et, par conséquent, des savons.

2° *Méthode histologique.*

Plusieurs méthodes histo-chimiques permettent de déceler les graisses dans un organe.

La meilleure, et la plus pratique, est la fixation au moyen d'*acide osmique*; nous indiquerons plusieurs procédés qui nous paraissent permettre un certain degré de différenciation des graisses par l'acide osmique. Voici d'abord la technique que nous avons utilisée presque constamment :

Aussitôt après la mort de l'animal, on prélève, dans les différents lobes de la glande hépatique, des tranches aussi minces que possible. (Nous avons eu soin de prélever de même les différents organes qui pouvaient nous être utiles dans les recherches que nous poursuivions, pour l'évaluation comparative des graisses.) On met ces pièces directement dans la liqueur forte de Flemming :

Acide chromique (sol. aqueuse à 10 p. 100).	15	parties.
Acide osmique (sol. à 1 p. 100)...........	80	—
Acide acétique cristallisé................	10	—
Eau distillée..........................	95	—

On les y laisse vingt-quatre heures, puis on lave à l'eau courante pendant vingt-quatre heures.

Il est essentiel, surtout lorsque les organes sont assez riches en graisses, de mettre des pièces petites, et très minces, dans la liqueur osmique; l'osmium se réduisant au contact des graisses serait, sans cette précaution, rapidement insuffisant, et les bords de la coupe seraient seuls colorés.

Il est essentiel, d'autre part, de laver à fond les pièces ainsi traitées.

Pour le lavage de ces pièces, nous avons adopté un dispositif nouveau, qui nous a rendu de grands services, et qui est d'ailleurs très facile à organiser : Nous adaptons à un récipient de verre, terminé par un orifice inférieur (un entonnoir, par exemple) un tube de verre recourbé deux fois et faisant siphon. L'appareil, placé sous un robinet d'eau à débit constant et faible, se remplit jusqu'à la hauteur du siphon : celui-ci est alors amorcé, et vide automatiquement, à fond, le récipient; il est, par là même, désamorcé, et l'appareil peut à nouveau se remplir complètement. Le débit d'eau est réglé de façon que l'appareil de chasse fonctionne environ une fois par minute. Si l'on introduit dans ce récipient une série de tubes effilés, ouverts aux deux bouts, dans lesquels on place, bien étiquetées, les pièces histologiques à laver, le remplissage et l'évacuation alternatifs du récipient permettent le renouvellement simultané du liquide dans chacun des tubes. On peut ainsi laver un grand nombre de pièces sans confusion possible et avec un très faible courant d'eau.

Ces pièces sont ensuite déshydratées par l'alcool absolu, éclaircies dans le xylol pendant deux heures au plus, incluses quatre ou cinq heures dans de la paraffine fusible à 48°. Nous réduisons systématiquement au minimum le temps de passage par le xylol et par la paraffine, et la température de l'inclusion : ce petit point de technique a une importance particulière pour la recherche des graisses; car, même après fixation par l'acide osmique, quelques granulations peuvent se dissoudre dans le xylol, surtout au centre de la pièce.

Les coupes sont traitées par les procédés ordinaires; elles sont, ou montées sans coloration dans la glycérine, ou colorées pendant vingt-quatre heures dans une solution de safranine. Nous avons obtenu de très bons résultats du modus faciendi suivant : On fait une solution concentrée de safranine à 1/100e dans l'alcool absolu, qui se conserve très longtemps. Avec cette solution mère, on prépare les solutions définitives, employées pour la coloration, suivant la formule :

Safranine alcoolique.	10 cent. cubes.
Eau distillée.........	10 —
Eau anilinée.........	10 —

Les pièces sortant de la safranine sont lavées avec l'alcool absolu légèrement picriqué, et montées à la façon ordinaire (alcool absolu, xylol, baume de Canada). Il est à recommander de conserver ces pièces, non dans le baume au xylol, mais dans la glycérine, ou dans le liquide d'Apathy (mélange à base d'eau, de gomme et de sucre). Par cette méthode, le protoplasma apparaît teinté en jaune pâle; les noyaux sont colorés en rouge, avec une élection chromatique très fine, les granulations graisseuses sont noires et se détachent remarquablement bien.

Nous avons souvent utilisé la coloration au Rouge Magenta et à l'acide picrique; on colore d'abord par le Rouge Magenta pendant quelques minutes (10 à 15') à chaud, on lave à l'alcool picrique et on monte comme précédemment; on obtient également les noyaux rouges, le protoplasma jaune, et la graisse noire. Cette coloration est moins fine que par la Safranine, mais elle a le grand avantage de se faire en quelques minutes, au lieu de vingt-quatre heures.

Distinction histo-chimique des graisses et des savons. — La distinction histo-chimique des *graisses* et des *savons* a été faite d'après un procédé nouveau qui nous a donné de bons résultats :

Une partie de la pièce, prélevée au moment de l'autopsie, est fixée par une solution de formol à 4 p. 100; après vingt-quatre heures, elle est lavée, d'une façon prolongée, dans un courant d'eau; les savons, solubles dans l'eau, sont ainsi entraînés, et les graisses seules persistent.

Les pièces ainsi lavées sont alors fixées par la liqueur de Flemming. On compare les coupes lavées et débarrassées de leurs savons, où les granulations noires ne représentent que les graisses, aux coupes obtenues sur des pièces fixées directement par l'acide osmique, où les granulations noires représentent à la fois les savons et les graisses; on a ainsi l'évaluation approximative des savons contenus dans l'organe.

Distinction histo-chimique des graisses et des lécithines. — Pour la distinction histo-chimique des *lécithines* et des *graisses*, nous avons utilisé le procédé nouveau suivant qui nous a donné de bons résultats : On traite les pièces par le formol (solution salée à 4/100), puis celles-ci, une fois fixées, par l'acétone qui dissout les graisses, et ne dissout pas les lécithines. Après ce traitement, on fait agir l'acide osmique, en vapeurs, ou sous forme de liqueur de Flemming : les lécithines seules se colorent en noir. La comparaison des coupes, traitées par l'acide osmique, après action de l'acétone, et des coupes traitées directement par l'acide osmique, indique, histologiquement, la proportion relative des graisses et des lécithines contenues dans l'organe.

Dans ces derniers temps, et principalement à propos des graisses de la capsule surrénale, on a étudié quelques caractères différentiels des graisses, des lécithines, etc., relativement à l'action de l'acide osmique.

C'est ainsi que Mulon (52), d'une part, et, d'autre part, L. Bernard, Bigart et H. Labbé ont insisté sur la solubilité différente dans le xylol, des graisses et des lécithines, après fixation par l'acide osmique; d'où l'apparence spongieuse de certaines cellules des capsules surrénales, qui contiendraient des graisses particulièrement « labiles » et dont la place est marquée par le vide qu'a laissé leur dissolution. Chez la grenouille, Bonnamour et Policard ont également observé cette dissolution de certaines graisses et lécithines dans le xylol. Nous ferons remarquer que la graisse réduit toujours l'acide osmique à l'état d'osmium métallique, corps toujours identique à lui-même, et jouissant de la même solubilité : il ne s'agirait donc probablement pas là de graisses plus ou moins labiles, mais de graisses plus ou moins susceptibles de réduire l'acide osmique à l'état d'osmium; on doit donc faire quelques réserves sur la solubilité particulière de certaines graisses fixées par l'acide osmique dans les différents solvants.

Il existe d'autres procédés de *coloration des graisses* par différentes matières colorantes; nous nous en sommes peu servie d'ailleurs, car, contrairement à l'acide osmique, ces colorants n'enlèvent aux graisses aucun de leurs caractères de solubilité dans l'éther, le xylol, et autres réactifs; il en résulte une grande difficulté pour fixer, inclure, et conserver les pièces, sans dissoudre les graisses; nous indiquerons seulement ces procédés en quelques mots.

L'*iode* colore fréquemment les graisses en bleu. M. Regnault a montré que le *henné* était un bon réactif de la graisse, en solution alcoolique à 50 p. 100; il colore la graisse en *vert*; le reste de la préparation peut être teint au picro-carmin, ou à l'hématoxyline; il faut monter les coupes dans la glycérine pure.

M. Achard a préconisé l'emploi d'une solution alcoolique d'*orcanette*.

Le bleu de *quinoléine*, à l'état de solution alcoolique, colore la graisse en bleu; on colore à l'*obscurité* pendant quelques heures, on conserve dans la glycérine chargée de bleu. Malgré toutes ces précautions, la préparation se décolore assez vite.

Le *vert malachite* est employé suivant la même technique que le bleu; on monte la coupe dans la glycérine formique à 1 p. 200.

La *méthode de Doddi*, qui donne d'ailleurs des indications assez peu précises, consiste à colorer les coupes faites par congélation, sans inclusion préalable, pendant quelques secondes, avec une solution alcoolique saturée de Soudan III (de Grubler) : on enlève avec du buvard, l'excès de colorant et on monte dans la glycérine.

Mais ces différentes colorations ne peuvent être d'un usage courant, car elles sont peu fixes et rendent l'inclusion et le montage des coupes assez difficiles.

Une autre méthode de coloration des graisses est fournie par l'ancienne méthode à l'*hématoxyline cuprique* de Weigert, modifiée par Regaud, méthode dont se sont servis récemment Mulon d'une part, Bonnamour et Policard, de l'autre. Les pièces fixées, aussitôt après la mort, dans le liquide de Tellyesznicki, pendant 24 heures, sont laissées 24 heures dans le bichromate de potasse à 3 p. 100. Les coupes faites à la paraffine sont mises 24 heures, à 30°, dans de l'acétate de cuivre, à demi-saturation, puis colorées 12 heures dans l'hématoxyline à 1 p. 100; enfin, décolorées dans le mélange de ferrocyanure et borax étendu de 10 fois son volume d'eau. La graisse est colorée en bleu; la méthode est d'ailleurs assez peu précisé, et la graisse se diffuse en partie.

D'après Wlassak (cité par Mann), la coloration en gris noir par l'acide osmique, et la coloration par l'hématoxyline de Weigert appartiennent aux lécithines et aux protagons.

Une autre réaction histologique caractériserait les lécithines, d'après Dastre et Morat (17); c'est l'examen en lumière polarisée : les grains de lécithine présenteraient une croix de polarisation; cette réaction, assez caractéristique, ne peut être faite que sur une dissociation des tissus, et seulement à une certaine période de la dessiccation.

Dans nos recherches, les pièces dans lesquelles la graisse n'était pas recherchée étaient fixées soit au formol à 4 p. 100, de préférence en solution dans l'eau salée physiologique, suivant la formule de Regaud, soit au sublimé à saturation, soit à la liqueur de Van

Gehuchten-Sauer, qui nous a donné de très bons résultats. Ces pièces étaient colorées de préférence à la thionine ou à l'hématoxyline éosine.

Pour la recherche du *glycogène*, nous avons fixé nos pièces dans la liqueur de Sauer. Le glycogène, soluble dans l'eau, insoluble dans l'alcool, est ainsi conservé dans les pièces; les coupes sont traitées par la gomme iodée suivant la technique de Brault. On fait une solution aqueuse de gomme arabique, jusqu'à consistance sirupeuse ; on ajoute quelques cristaux de sublimé d'iode, et quelques cristaux d'iodure de potassium. La coupe, déparaffinée et hydratée, est recouverte de quelques gouttes de cette solution, qu'on laisse évaporer pendant une nuit; le lendemain, on recouvre la surface desséchée d'une nouvelle goutte de gomme iodée, et on met, alors seulement, la lamelle. On obtient ainsi des préparations fort belles, qui ne se décolorent pas aussi facilement que si la lamelle était apposée immédiatement. Le glycogène prend une coloration brun acajou caractéristique.

1. Le liquide de Sauer est composé de :

Alcool absolu	60
Chloroforme	30
Acide acétique glacial	10

PREMIÈRE PARTIE

ÉTUDE ANALYTIQUE DE LA FONCTION ADIPO-HÉPATIQUE DANS LA SÉRIE ANIMALE

Dans la première partie de ce travail, nous étudierons, analytiquement, la nature et l'importance de la fonction adipo-hépatique à tous les degrés de la série animale.

En suivant l'ordre de la classification zoologique, nous relaterons, pour chaque groupement animal, la présence ou l'absence de réserves graisseuses dans le foie, leur situation anatomique, le processus de leur formation et de leur élimination, et aussi leur apparition et leur disparition à telle saison, à tel moment de la vie génitale et du développement des éléments de reproduction. Mais nous écarterons systématiquement, en les réservant pour la deuxième partie, toutes les hypothèses sur la nature ou le rôle de la fonction adipogénique du foie.

INVERTÉBRÉS

Les premiers échelons de la série animale échappent forcément à notre étude, puisque la glande hépatique n'est pas encore individualisée.

Chez les *Protozoaires*, par exemple, aucune différenciation du protoplasma unicellulaire ne peut prétendre représenter le foie; il ne peut donc y avoir rien qui corresponde à la fonction adipo-hépatique; les réserves adipeuses existent cependant déjà et sont disséminées dans le protoplasma cellulaire.

Chez les *Vers* apparaît déjà une très vague ébauche de ce qui sera plus tard l'organe hépatique : de même que, chez les animaux supérieurs, cet organe naît aux dépens d'une différenciation du mésentéron, de même, chez certains Vers, ce premier stade est déjà fixé par une différenciation d'une zone de l'intestin moyen.

D'après JOURDAN (37), les parois de l'intestin se composent de trois couches fondamentales : une couche péritonéale, une couche fibro-musculaire qui ne présente qu'un intérêt secondaire, et un épithélium endodermique.

L'épithélium intestinal se compose de longues cellules cylindriques, qui offrent des caractères divers suivant la région de l'intestin que l'on considère. Au niveau de l'intestin antérieur, le protoplasma des cellules épithéliales est transparent ou à peine granuleux ; dans la région de l'intestin moyen, ces cellules conservent bien la même forme, mais elles sont devenues plus longues, sont bourrées de granulations brunes et contiennent souvent des granulations graisseuses, elles prennent les caractères des éléments glandulaires, et donnent à l'intestin moyen un aspect particulier que l'on désigne sous le nom de couche hépatique. Ces modifications dans les caractères des cellules intestinales s'étendent à la totalité de la surface de l'intestin moyen; ce n'est que sur un point bien délimité que les cellules restent plus courtes, conservent leurs cils vibratiles, et constituent ainsi une sorte de sillon vibratile, qui semble faciliter la circulation du liquide intestinal. A mesure que l'on examine des coupes s'éloignant de plus en plus de la région moyenne du corps de l'animal, les cellules de l'épithélium intestinal perdent peu à peu leurs granulations et reprennent insensiblement l'aspect qu'elles avaient au début. Enfin, dans l'extrémité caudale, cet épithélium manque complètement de granulations brunâtres, même après l'action de l'acide osmique.

En résumé, on trouve toujours dans l'intestin des Vers, une région antérieure correspondant à un œsophage, une région moyenne remplissant le rôle d'un estomac et d'un foie, et une région terminale tapissée par des cellules épithéliales de protection.

Si l'on admet l'assimilation très vague encore des cellules de l'intestin moyen chez les Vers avec l'organe hépatique, on peut

1. Les chiffres correspondent aux numéros de l'Index Bibliographique.

admettre également que la présence, à leur intérieur, de gouttelettes adipeuses représente la première ébauche de la fonction adipo-hépatique. Mais il nous paraît inutile d'insister davantage sur ce point.

ECHINODERMES

La plupart des Echinodermes ne possèdent pas de glandes hépatiques proprement dites.

Chez les *Oursins*, par exemple, la première ébauche du foie n'est représentée que par un épaississement de l'intestin moyen; à ce niveau, les cellules de l'épithélium se différencient, leur protoplasma devient granuleux et possède une fonction pigmentaire; car il se colore en jaune brun. On retrouve d'autre part, à leur intérieur, des gouttelettes graisseuses plus ou moins abondantes : ces cellules sont parfois désignées sous le nom de cellules hépatiques. A la vérité, leur assimilation aux cellules du foie ne peut pas être poussée plus loin; il est, néanmoins, un point qui nous intéresse et qui nous permet d'établir une analogie de plus, entre ce renflement et l'organe hépatique : c'est la présence, signalée par divers auteurs, et par Leydig en particulier, de granulations graisseuses à l'intérieur de ces cellules. Chez ces animaux, la toute première ébauche du foie possède donc déjà une fonction adipo-hépatique.

Chez les *Astéries*, la glande hépatique est représentée par des appendices ramifiés de l'estomac, qui s'étendent à l'intérieur des bras, en détachant, à droite et à gauche, des cæcums en grappe, placés alternativement sur le parcours de la branche principale. Les aliments ne pénètrent d'ailleurs pas en nature dans ces cæcums; leur partie non assimilable (coquilles, etc.) est rejetée par la bouche, et seule, leur partie assimilable, préalablement dissoute dans l'estomac, pénètre dans les cæcums, où elle se mélange avec le liquide digestif sécrété par les cellules hépatiques (Yung) (74).

Les glandes hépatiques subissent, suivant les différentes saisons, des variations de volume considérables qui présentent le plus haut intérêt pour la signification de la fonction qui nous occupe : en effet, lorsque se prépare la période de la reproduction, les glandes génitales se développent dans les bras, à la place même occupée par les glandes hépatiques. Au début, les glandes génitales sont petites; les glandes hépatiques sont, au contraire, très grosses et occupent à elles seules la presque totalité des bras. Mais plus tard, à mesure que se développent les glandes génitales, les glandes hépatiques diminuent progressivement de volume, en évacuant leurs réserves nutritives; les glandes génitales occupent alors, à elles seules, l'espace précédemment occupé par les cæcums digestifs. On peut donc déjà conclure, *à priori*, que les réserves nutritives du foie disparaissent au fur et à mesure que grandissent les éléments primordiaux de la reproduction, probablement à leurs dépens.

Nous avons examiné histologiquement plusieurs échantillons de glandes hépatiques d'*Asterias rubens* recueillis à Wimereux. Sur une coupe au 1/300 de millimètre, nous remarquons que ces glandes sont constituées par une série d'acini glandulaires, à lumière très étroite, et juxtaposés les uns à côté des autres.

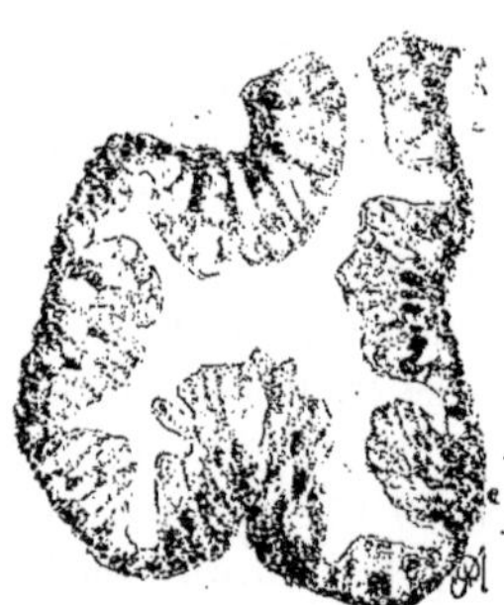

Fig. 1. — Hépato-pancréas d'*Asterias rubens* (avril) remarquable par une faible quantité de graisse.

Chaque acinus est formé par un long tube, que les sections entament différemment. A la partie externe, se trouvent des cellules endothéliales petites, serrées les unes contre les autres, et formant, par leur ensemble, une enveloppe périacinique. En dedans de ces cellules, se trouvent de grandes cellules fusiformes, très minces et très hautes, tassées les unes contre les autres, et qui constituent les cellules hépatiques proprement dites.

Il est à remarquer que chaque cellule est environ 80 ou 100 fois plus haute que large; on peut lui distinguer trois zones : la zone inférieure (*a*) contient les gouttelettes de graisse; la zone moyenne (*b*), généralement renflée, loge le noyau; dans la zone supérieure (*c*), qui va jusqu'au centre du tube, on distingue, après coloration par l'osmium, de petites granulations ambrées, qui représentent probablement la matière zymogène. Certaines cellules sont moins hautes que d'autres, aussi sont-elles moins serrées les unes contre les autres à la partie supérieure, et on observe souvent, à ce niveau, des vacuoles claires.

La graisse contenue dans les cellules varie suivant l'époque de l'année : Au mois d'*avril*, la glande est peu riche en graisse, les granulations sont fines, distinctes les unes des autres, et placées le plus souvent à la base de la cellule.

Au mois d'*août* au contraire, la graisse est très abondante, mais

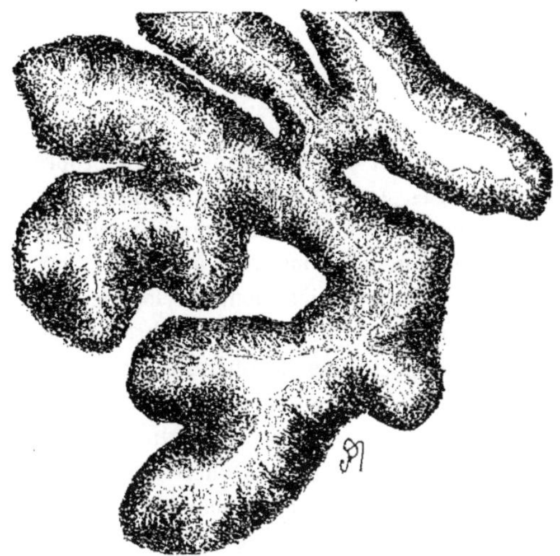

Fig. 2. — Hépato-pancréas d'*Asterias rubens* (août), remarquable par une très grande quantité de granulations graisseuses, à la base des cellules.

elle n'est pas uniformément répartie dans toutes les cellules; certaines en sont bourrées; d'autres en contiennent relativement peu. Les granulations noires sont petites, juxtaposées les unes à côté des autres, et ne se fusionnent pas entre elles. La graisse est toujours plus abondante à la partie inférieure de la cellule; elle disparaît en partie, à la hauteur des noyaux, mais cependant on peut en retrouver au delà, jusque près des vacuoles centrales (fig. 2).

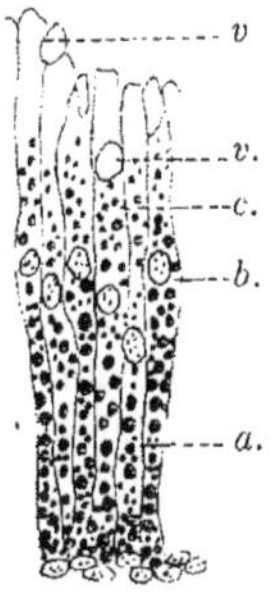

Ajoutons qu'au mois d'août les glandes génitales sont atrophiées, et que, sur quelques échantillons, elles sont à peine visibles; les tubes hépatiques, au contraire, sont hypertrophiés, et occupent tout l'intérieur des bras.

Fig. 3. — Détail des cellules hépatiques d'*Asterias rubens* (août); les granulations graisseuses sont surtout abondantes à la base des cellules (*a*), (*v*) vacuoles.

Des faits presque semblables s'observent chez les Oursins. M. Giard (28) a en effet constaté que lorsque la saison de la reproduction est passée, les glandes génitales diminuent de volume, prennent une teinte brun ambré, qui diffère de la couleur orangée de l'ovaire mûr, et qu'alors l'ovaire joue le rôle d'organe excréteur. Nous nous proposons d'étudier ultérieurement la constitution des cellules hépatiques de l'intestin moyen à cette période.

MOLLUSQUES

La glande hépatique des Mollusques est, à proprement parler, un hépato-pancréas, à sécrétion digestive; mais elle est aussi (et c'est le point qui nous intéresse) un organe nutritif, riche en matériaux de réserve; nous allons voir que, chez eux, la fonction adipo-hépatique est particulièrement développée.

Nous avons examiné un grand nombre d'espèces, plus de 100 échantillons, appartenant à différents ordres de Lamellibranches et de Gastéropodes. Les espèces terrestres ont été recueillies aux environs de Paris. Les espèces marines proviennent surtout de Wimereux, où M. Giard nous a offert l'hospitalité de son laboratoire. M. Delage a bien voulu nous permettre de recueillir à Roscoff le foie d'un grand nombre d'espèces.

Nous résumerons tout d'abord, très rapidement, les données actuelles sur l'anatomie des glandes hépatiques et sur les fonctions diverses qu'on leur attribue. Nous étudierons ensuite les particularités et l'importance de la fonction adipo-hépatique, chez les principales espèces examinées par nous.

a) La glande hépatique des Mollusques est une glande digestive, dérivée de l'intestin, et communiquant encore avec lui par plusieurs canaux excréteurs; aussi sa position anatomique est-elle en rapport avec son rôle physiologique, et l'intrication du foie et de l'intestin est-elle généralement très intime. Il est habituel, aussi bien chez les Lamellibranches que chez les Gastéropodes, de voir le foie entourer le tube digestif, qui se contourne plusieurs fois à son niveau.

La sécrétion de la glande est, d'autre part, douée d'un actif pouvoir digestif; il s'agit donc, à proprement parler, d'un hépato-pancréas; la structure de la glande représente, d'ailleurs, la conformation habituelle des glandes à suc digestif; on y retrouve les mêmes acini et les mêmes cellules à ferment.

b) A côté de cette première fonction digestive, qui la rapproche du pancréas, la glande hépatique des Mollusques présente d'autres fonctions qui la rapprochent du foie des animaux supérieurs. Nous ne parlons pas ici de la fonction biliaire; car, d'après les recherches de Mac Munn, de Bourquelot, d'Enriques, etc., il n'y aurait pas analogie entre les pigments de cette glande et les pigments biliaires; cependant, d'après M. Dastre (15), cette analogie existerait.

Mais, indépendamment des fonctions pigmentaires, le foie des Mollusques est, comme celui des animaux supérieurs, un organe d'accumulation pour les matériaux de réserves nutritives. Ce rôle est actuellement bien prouvé, en particulier pour le fer : d'après les intéressantes recherches de M. Dastre, l'organe hépatique des Céphalopodes possède une véritable fonction martiale. L'accumulation du fer est, en pareil cas, d'autant plus intéressante que l'élément minéral du sang de ces animaux est le cuivre (Hémocyanine), et non le fer, comme chez les Vertébrés.

De même, et surtout, le foie des Mollusques est, comme celui des animaux supérieurs, un réservoir de matières nutritives. L'étude que nous allons entreprendre de la fonction adipo-hépatique, en nous montrant son développement chez les Mollusques, apportera donc une preuve nouvelle et décisive de l'analogie fonctionnelle qui existe entre cette glande et le foie des autres animaux.

c) Une autre remarque d'ordre général peut être faite, relative aux rapports que présente, chez les Mollusques, la glande hépatique avec les organes de reproduction. Nous verrons, en effet, que très souvent, aussi bien chez les Lamellibranches que chez les Gastéropodes, il y a intrication intime de l'un et l'autre organe.

Chez les Lamellibranches, le foie, brunâtre, nettement circonscrit, situé à la base du pied, est en contact intime avec les glandes génitales situées dans les replis du manteau (*Mytilus*, *Cardium*) ou à la base du pied (*Pecten*). Les lobules de l'un pénètrent jusqu'entre les grappes de l'autre, à tel point qu'une seule coupe contient, à la fois, les deux organes imbriqués l'un dans l'autre (fig. 4 et 5).

Chez les Gastéropodes, la glande hermaphrodite est appliquée contre le dernier lobe du foie, qui souvent la recouvre tout entière; des coupes histologiques bien dirigées comprennent, à la fois, les deux tissus.

Chez les Céphalopodes, le foie, très volumineux, forme une masse rougeâtre au-dessus des glandes génitales.

Des connexions intimes existent donc, chez les différents Mollusques, entre la glande hépatique et les glandes génitales; nous avons pu, d'ailleurs, démontrer, par des injections de gélatine colorée, des communications lacunaires entre l'un et l'autre organe. Cette intrication et ces communications ont très probablement une raison d'être; nous verrons que les réserves nutritives (et particulièrement les réserves graisseuses), accumulées dans le

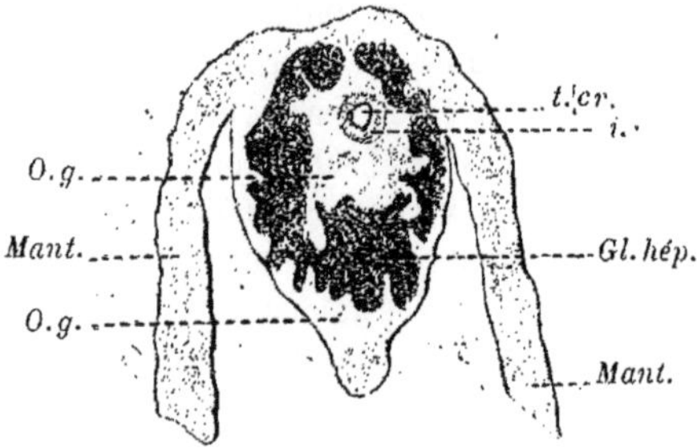

Fig. 4. — Coupe transversale de *Mytilus edulis* montrant l'intrication de la glande hépatique *Gl. hép.* et des organes génitaux *O. g.*

foie, qui servent normalement à l'animal lui-même pour régulariser sa nutrition et le préserver des disettes alimentaires, servent également à la constitution des réserves nutritives destinées aux œufs, et que là est peut-être l'explication de ces connexions anatomiques.

Fig. 5. — Coupe transversale de *Tapes decussata* montrant l'intrication de la glande hépatique *Gl. hép.* et des organes génitaux *O. g.*

En résumé, la glande hépatique des Mollusques semble posséder, d'une part, des fonctions digestives sécrétoires qui la rapprochent du pancréas; elle se comporte, d'autre part, comme une glande de réserves, vis-à-vis des matériaux divers dont l'organisme a incessamment besoin (chaux, fer, glycogène, graisse) : en cela elle se rapproche du foie des animaux supérieurs. Enfin, cette glande est en connexion intime avec les glandes génitales : ce qui fait supposer une association fonctionnelle de ces deux organes.

Nous allons étudier comparativement, en suivant l'ordre de la classification, les différents types de glandes que nous avons observés, en insistant sur l'importance plus ou moins grande de la fonction adipogénique; nous noterons, chemin faisant, de grandes variations de la teneur en graisse du foie, suivant l'espèce examinée, suivant la saison où a été prélevé l'échantillon, suivant les réserves nutritives dont il disposait, suivant, enfin, l'état de développement et de maturation des œufs : de ces remarques, nous pourrons peut-être déjà tirer quelques indications sur le rôle et l'utilité de la fonction adipo-hépatique chez ces animaux.

Lamellibranches.

L'hépato-pancréas des Lamellibranches forme une grosse masse brunâtre à la base du pied. Il enveloppe complètement l'estomac et est traversé, de part en part, par le tube intestinal; il est composé de nombreux lobules, unis les uns aux autres et branchés sur différents canaux excréteurs; ceux-ci se réunissent les uns aux autres et constituent, finalement, deux canaux principaux qui s'ouvrent dans la cavité antérieure de l'estomac. Cet organe est, d'autre part, très généralement intriqué avec les glandes génitales; sa coloration brune tranche avec la coloration rosée de la glande hermaphrodite, et celle-ci envoie souvent des prolongements à l'intérieur de celle-là.

La constitution histologique de la glande est assez semblable à elle-même chez les différentes espèces. Sur une coupe, on voit une série d'acini plus ou moins larges, qui contiennent différentes sortes de cellules; 1° les unes sont remplies de corpuscules calcaires : ce sont les *cellules calcaires* (Kalkzellen); 2° les autres contiennent principalement des réserves alimentaires : ce sont elles qui paraissent bourrées de gouttelettes graisseuses; on les appelle souvent *cellules nutritives* (Nährzellen). Les granulations graisseuses y sont plus ou moins abondantes; tantôt isolées et irrégulièrement réparties, elles sont, d'autres fois, tellement abondantes que les acini glandulaires se colorent presque uniformément en noir par l'acide osmique, et qu'aucun détail cellulaire n'est plus visible; les noyaux, que l'on aperçoit de place en place, sont de taille normale, prenant fortement la couleur; il ne s'agit donc pas là d'une dégénérescence graisseuse, mais d'une surcharge alimentaire, puisque la vitalité de la cellule et du noyau ne paraît pas atteinte.

La présence et l'abondance des réserves adipeuses sont variables suivant les espèces; très abondantes chez les *Mytilus*, les *Pecten*, les *Cardium*, elles le sont moins chez les *Ostrea*, les *Tapes*; elles varient aussi suivant les saisons, ainsi que va nous le montrer l'analyse histologique des différentes espèces que nous avons étudiées.

Asiphoniens. — *Mytilidæ*. — Nous prendrons pour premier type de Lamellibranche asiphonien, le *Mytilus edulis*, que l'on se procure facilement, et que, pour cette raison, nous avons pu suivre, mois par mois, pendant toute une année.

Les moules possèdent une glande hépatique située à la base du pied et facilement reconnaissable grâce à sa teinte plus ou moins brunâtre.

Sur une coupe microscopique, on voit une série de tubules coupés en divers sens, et suivant diverses inclinaisons; ces tubules possèdent, d'ailleurs, une très large lumière et sont bordés d'un épithélium peu épais. Chaque tubule est constitué par une fine cuticule extérieure, recouverte d'un endothélium. L'épithélium de revêtement comprend les différents types de cellules caractéristiques de l'hépato-pancréas des Mollusques; les unes, qui sont les plus nombreuses, et sur lesquelles nous allons revenir plus longuement, sont les *cellules alimentaires* (Nährzellen); d'autres, disposées de place en place en corbeilles, constituent de petits îlots, par rapport au revêtement épithélial continu : elles présentent de gros grains qui prennent une coloration rouge intense par la safranine; ces îlots sont très remarquables par leur individualisation et semblent une formation glandulaire incluse dans une autre glande; ces cellules doivent probablement être identifiées aux *cellules calcaires*. Les troisièmes cellules, *cellules-ferment*, sont beaucoup plus rares dans les glandes que nous avons examinées; elles contiennent une série de grains safranophiles beaucoup plus petits que les précédents et qui prennent une coloration rouge; on n'en trouve guère qu'une ou deux au maximum par tubule, tandis que les cellules calcaires sont au nombre de 7 ou 8, et que les cellules nutritives constituent le reste de la glande.

La *graisse*, qui nous occupe seule ici, se trouve dans le premier type de cellules (Nährzellen). Contrairement à ce qui se passe pour d'autres espèces, les granulations graisseuses existaient dans toutes les glandes que nous avons examinées, mais la quantité était très variable suivant les échantillons, et surtout suivant la saison.

Au mois de *mars*, l'individu examiné présente une glande hépatique relativement peu riche en graisse; les granulations noires sont petites et distinctes les unes des autres : certaines cellules n'en contiennent pas; d'autres en contiennent, mais d'une façon assez discrète.

Au mois de *juin*, la glande est déjà plus riche en graisse : les granulations sont de taille très inégale; les unes très petites, les autres grosses, provenant de la coalescence de plusieurs petites; certaines cellules se colorent presque entièrement en noir. A ce moment, le foie paraît également contenir beaucoup plus de réserves calcaires qu'aux autres époques de l'année.

Au commencement de *septembre*, les coupes nous permettent de saisir un processus assez particulier; la glande est très riche en graisse; mais déjà on note d'assez grosses variations dans la teneur en graisse des différents tubules. Au niveau de certains, la majeure partie des cellules est noire de graisse : l'ensemble de l'acinus est figuré comme un anneau très noir. Au contraire, sur la même coupe, en des points voisins, les cellules ne contiennent plus d'osmium, ou du moins ne conservent qu'une teinte ambrée diffuse; elles sont devenues très vacuolaires, et les intervalles entre les vacuoles dessinent une fine dentelle; par contre, l'intérieur de la lumière du canal est rempli, en grande partie, par un bloc noir de graisse excrété. Le processus qui aboutit à la formation de cette masse centrale est bien visible; sur d'autres points de la coupe, on voit les granulations des cellules se réunir en grosses masses centrales et s'évacuer hors de la cellule; ajoutons que le tissu conjonctif qui sépare les différents tubules présente une petite quantité de graisse.

En *octobre*, l'échantillon que nous avons examiné est également très riche en graisse, et, sur un grand nombre de points, tout détail histologique est impossible à discerner à cause de la coloration noire massive de l'épithélium.

En *janvier*, la graisse est toujours abondante, mais beaucoup moins qu'en septembre et en octobre.

On voit, *en résumé*, que la glande hépatique du *Mytilus edulis* présente une surcharge graisseuse toute l'année; mais certaines différences sont néanmoins très sensibles suivant les saisons; le maximum de la graisse paraît être aux mois de septembre et octobre; le minimum au mois de mars; mais d'assez grandes variations individuelles semblent exister.

Nous noterons également que de grandes variations semblent avoir lieu dans la teneur en grains calcaires, dont le minimum paraît être au mois de juin. On sait, d'autre part, que les réserves glycogéniques de la Moule sont toujours très abondantes, et que l'on utilise parfois la Moule pour préparer cette substance.

La Moule est donc un animal normalement surchargé de réserves glycogéniques et adipeuses; une pareille surcharge n'est probablement pas étrangère à l'utilisation comestible de ces animaux; mais, de ce fait, les variations de la fonction adipo-hépatique, suivant les saisons et les circonstances, sont peu apparentes et évoquent mal un rapport de finalité entre cet état anatomique et un processus physiologique qui le nécessite.

Nous aurons, ultérieurement, l'occasion de revenir sur le foie du Mytilus, à propos de certaines expériences que nous avons faites pour déterminer les variations dans la teneur en graisse de cet organe (influence de la pilocarpine, transformation cadavérique, etc.).

Ostrea edulis. — MAC MUNN (46) a décrit des granulations graisseuses dans les cellules hépatiques d'Ostrea edulis, sans préciser le moment de son examen. Ce point est cependant important : en effet, nous avons, à maintes reprises, examiné plusieurs échantillons d'Ostrea aux mois de *novembre*, *décembre*, *janvier* et *mars*, mais à aucune de ces périodes nous n'avons pu déceler de granulations graisseuses.

D'autres échantillons prélevés vers le 10 *avril* nous ont, par contre, présenté une glande hépatique déjà riche en graisse. Les cellules hépatiques commencent à se charger, vers leur base, de granulations graisseuses plus ou moins grosses; mais celles-ci sont surtout abondantes dans les espaces interacineux.

Au commencement du mois d'*août*, la teneur en graisse de la glande augmente notablement; toutes les cellules hépatiques renferment des granulations graisseuses localisées surtout à la base de la cellule; la graisse est également abondante dans les espaces interacineux.

A la fin du mois d'août, les granulations graisseuses sont moins abondantes dans les cellules hépatiques; par contre, on les retrouve en grande quantité dans les espaces interacineux; il semble qu'ici encore on assiste à une mobilisation de la graisse de la glande hépatique vers la glande génitale.

Nous voyons donc que, chez les Ostrea, la fonction adipo-hépatique est nettement parallèle à la fonction de reproduction. En effet, la saison du frai ayant lieu ordinairement de juin à septembre, on conçoit aisément que la glande hépatique accumule des réserves graisseuses dès le mois d'avril, pour en charger secondairement les œufs au moment de la reproduction (de juin à septembre). Après la période de reproduction, de novembre en mars, la glande est entièrement dépourvue de graisses.

SIPHONIENS. — *Pecten Jacobeus.* — L'échantillon de Pecten que nous avons examiné au mois de *novembre*, est remarquable par sa teneur en graisse. Le foie est constitué par une série de tubules dont l'épithélium présente une assez grande quantité de granulations noires; dans l'intérieur de la lumière, on voit de grosses gouttes de graisse juxtaposées les unes à côté des autres, et qui sont extrêmement nombreuses. L'épithélium intestinal est également rempli de petits granules graisseux, d'une finesse remarquable; ceux-ci sont situés surtout à la partie médiane de la cellule.

Au mois de *mars*, la graisse est plus abondante; on trouve une grande quantité de grosses gouttelettes graisseuses dans l'intérieur du canal; on trouve également, à ce moment, une grande quantité de réserves calcaires.

Au commencement du mois de *septembre*, la graisse est en telle quantité qu'il n'est plus possible de distinguer aucun détail de structure; les granulations se rassemblent en grosses gouttes qui déchirent les cellules, et tombent à l'intérieur du canal.

Donax trunculus. — Nous avons examiné un échantillon de Donax trunculus récolté à Wimereux au mois de *septembre*. Les coupes que nous avons étudiées sont particulièrement intéressantes, en ce qu'elles comprennent, à la fois, l'organe hépatique et l'ovaire. L'intrication de ces deux glandes est si intime que les lobules du foie pénètrent entre les grappes d'ovules plus ou moins développés; cette particularité nous a permis de constater quelques faits remarquables sur la mutation des graisses hépatiques.

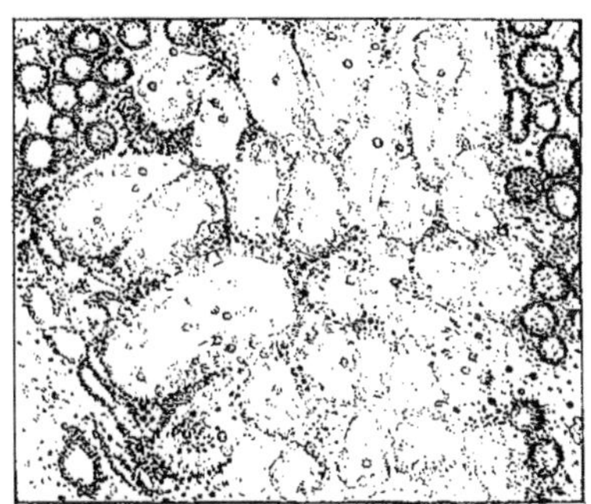

Fig. 6. — *Donax trunculus*. Coupe intéressant à la fois les tubes hépatiques et l'ovaire. La graisse s'évacue des tubes hépatiques dans les vacuoles intertubulaires et est conduite aux ovules qu'elle entoure.

La glande hépatique est constituée suivant le type habituel et elle présente les différents ordres de cellules caractéristiques. On trouve, au niveau des tubes hépatiques, un certain nombre de boules claires, assez grosses, ayant parfois presque la taille d'une cellule. Comme certaines de ces boules prennent une coloration brune, et même noire uniforme, par l'acide osmique, nous pensons que ces gouttelettes représentent de la graisse qui prend la coloration caractéristique et que les boules incolores étaient préalablement des boules de graisse, soit évacuée naturellement, soit dissoute par les réactifs; on voit d'ailleurs, à côté de ces grosses boules, de petites vacuoles claires, qui proviennent évidemment de l'évacuation de la graisse. Néanmoins, et quel qu'ait été l'état antérieur, le tubule hépatique ne présente actuellement que d'assez rares granules adipeux.

Il n'en est pas de même de l'ovaire, qui présente un grand nombre d'ovules, dont la périphérie se colore en noir, par une accumulation plus ou moins considérable de petites granulations graisseuses. Les ovules les plus petits ne présentent pour ainsi dire pas de graisse à leur périphérie; d'autres, plus gros, se chargent progressivement de graisse, et certains d'entre eux sont encerclés d'une véritable enveloppe noire.

La même coupe nous montre donc, d'une part, un organe hépatique présentant des traces manifestes de surcharge graisseuse antérieure, bien que n'en possédant plus qu'une minime quantité, et, d'autre part, des ovules se chargeant progressivement de graisse à leur périphérie.

Un autre point intéressant, mis en évidence par cette coupe, est la présence de granulations graisseuses dans les vaisseaux lacunaires qui rampent autour des tubules hépatiques; cette graisse paraît être à l'état libre et ne semble pas incluse dans les leucocytes; elle est, d'autre part,

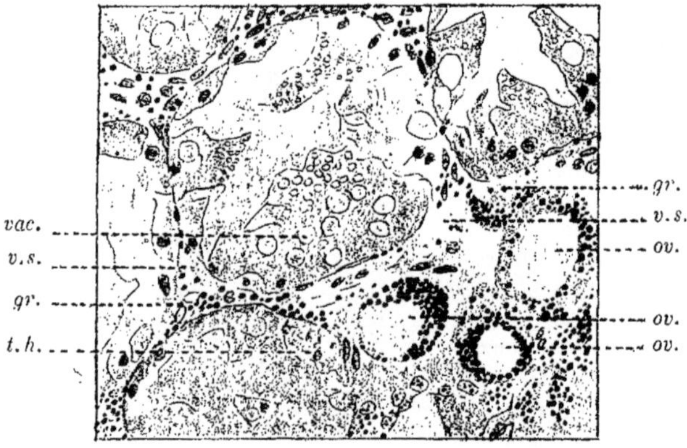

Fig. 7. — *Donax trunculus.* Détail du transport de la graisse du foie aux lacunes sanguines et aux ovules. — *t. h.* tubes hépatiques, *vac.* vacuoles hépatiques, *ov.* ovules, *v. s.* vaisseaux sanguins, *gr.* granulations graisseuses.

remarquablement abondante en certains points, contre les lobules qui n'en contiennent plus. La présence de graisse est d'autant plus abondante que l'on se rapproche davantage de la glande génitale. Enfin, entre les ovules qui se chargent de réserves adipeuses, on observe encore, par places, une grande quantité de gouttelettes graisseuses massées dans les lacunes circulatoires.

Il semble résulter, de l'exposé de ces faits, que la glande hépatique, primitivement chargée de graisse, se vide de ses réserves au profit de la glande génitale, et que la preuve de cette mutation est fournie par l'état des vaisseaux, qui ont encore à leur intérieur une grande quantité de granulations graisseuses : s'agit-il là d'un transport direct de graisse, de l'organe hépatique, qui l'avait accumulée à l'organe génital qui en a besoin pour constituer les provisions nutritives des œufs? le fait est très probable. Mais la preuve d'une communication vasculaire directe entre les deux organes doit être faite par un procédé plus démonstratif : nous y reviendrons plus loin.

Tapes pullaster. — La glande hépatique du Tapes pullaster est très volumineuse. Elle forme une masse brune qui entoure l'intestin et l'estomac. Elle est composée de petits acini à lumière très étroite et trifide. Chaque acinus comprend : 1° une couche basale, formée par une rangée de *cellules endothéliales* ; 2° de grandes cellules cylindriques, superposées aux premières, et qui sont les *cellules hépatiques* proprement dites. Elles sont régulières, placées les unes à côté des autres, et présentent, du côté de la lumière du canal, une partie plus condensée, qui se colore en brun clair par l'acide osmique, et en rose par l'éosine, ayant l'apparence d'un plateau, ou peut-être d'une rangée épaisse de cils vibratiles. Le reste du protoplasma est vacuolaire, et emprisonne des granulations graisseuses. Le noyau est placé, tantôt à la base de la cellule, tantôt à la partie moyenne ; il se colore nettement par la safranine et possède un ou plusieurs nucléoles.

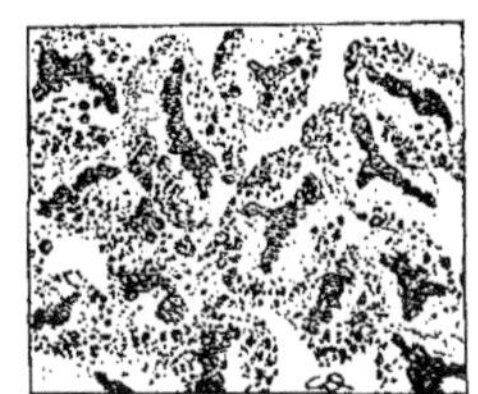

Fig. 8. — Hépato-pancréas de *Tapes pullaster*.
Les lumières des canaux sont pleines de gouttelettes graisseuses.

La *graisse* est très abondante ; elle se présente en petites gouttelettes qui se réunissent les unes aux autres pour en former de très grosses ; celles-ci s'échappent, même à l'intérieur du canal glandulaire, où on les retrouve en plus ou moins grande abondance. Notre dessin représente un foie de Tapes, dans lequel ces gouttes adipeuses sont en telle quantité dans l'intérieur du canal, qu'elles le remplissent complètement. On ne trouve pas de graisse dans les espaces lymphatiques qui séparent les lobules. La même pièce, traitée par la gomme iodée, ne nous a pas présenté la coloration acajou caractéristique du glycogène.

Cardium edule. — Chez le Cardium edule, la glande hépatique est située à la base du pied ; elle est entourée par l'estomac et l'intestin, sa couleur et sa grosseur varient beaucoup suivant la saison. Au mois de *mars*, elle est petite, brune ; aux mois de *mai* et de *juin*, elle est plus pâle ; au mois d'*octobre*, elle est volumineuse et très claire.

En coupe, elle se présente sous la forme d'une glande acineuse, dont les acini seraient souvent ramifiés ; ces acini sont bordés de cellules prismatiques, dans lesquelles on peut distinguer deux zones : une inférieure, formée par un protoplasma très condensé, qui se colore fortement par les réactifs, une supérieure formée par un protoplasma clair, qui se dissocie, et est rejeté dans l'intérieur du canal ; il est probable que la partie basale est la seule vivante et que la partie supérieure n'est que son produit de sécrétion.

Sur un échantillon du mois de *mars*, nos coupes comprennent, à la fois, la glande hépatique, l'intestin et la glande génitale; l'intestin est complètement dépourvu de graisse, ainsi que la glande hépatique et les ovules, qui sont d'ailleurs très petits; les vaisseaux lacunaires de la glande hépatique, et ceux de l'ovaire, montrent un certain nombre d'éléments leucocytiques, mais n'ont aucune espèce de granulations graisseuses.

Au mois de *mai*, l'aspect a complètement changé : l'intestin est toujours privé de graisse; les tubes hépatiques, au contraire, en sont chargés; à un fort grossissement, on voit que la périphérie de l'acinus est encerclée d'une bande de protoplasma qui prend très fortement la couleur; les cellules nutritives présentent une assez grande quantité de granulations graisseuses, très fines, et assez régulièrement réparties; il y a peu de grosses gouttelettes de graisse, et aucun globule ne se manifeste dans l'intérieur du canal. Les vaisseaux chargés d'éléments leucocytaires ne présentent, à ce moment, aucune espèce de granulations graisseuses.

Au mois de *juin*, l'aspect de la glande est à peu près le même : il y a une certaine quantité de graisse, également répartie en gouttelettes très fines dans les différentes cellules du tubule; il n'y a pas de grosses gouttes à l'intérieur des canaux, ni dans l'intérieur des vaisseaux. Quelques ovules, que l'on distingue sur la coupe, sont remarquables par leur absence de graisse à la périphérie, et par leur coloration intense et uniforme rouge lilas, que prend leur périphérie par l'action de la safranine.

Au mois d'*octobre*, l'aspect ne s'est pas beaucoup modifié, la quantité de graisse que présentent les cellules hépatiques est assez discrète; celle-ci est toujours en gouttelettes très fines; il n'y en a pas dans le tube digestif; nos coupes ne comprennent pas la glande génitale.

Au mois de *novembre*, l'échantillon que nous avons examiné a des réserves adipeuses assez considérables, plus considérables que les autres échantillons que nous avons vus.

Gastéropodes.

La glande digestive des Gastéropodes est énorme; elle occupe la plus grande partie du sac viscéral; elle enveloppe l'intestin moyen et y déverse son produit de sécrétion, au niveau de la bosselure en cæcum.

La glande digestive est généralement composée de quatre lobes, divisés en lobules; sa couleur varie beaucoup suivant les saisons et son degré d'activité; elle est toujours brunâtre, mais parfois très foncée, jusqu'au noir, ou très claire jusqu'au gris.

La glande hermaphrodite est logée à l'intérieur du foie, et si intimement unie à lui, qu'elle est difficile à détacher.

On sait que le foie des Gastéropodes pulmonés renferme quatre sortes de cellules très différentes d'aspect et de fonction, dont la terminologie est assez différente suivant les auteurs ; ce sont :

1° De grandes cellules à phosphate de chaux (*Kalkzellen*) ;

2° Des cellules remplies de petits grains jaunes et incolores (*Leberzellen* de Barfurth, *Körnerzellen* de Frenzel, *Resorptionzellen* de Bidermann et Moritz) ;

3° Des cellules renfermant un nombre variable de grandes vacuoles, à liquide jaune, dans lesquelles on trouve des sphères brunes (*Fermentzellen* de Barfurth, *Secretzellen* de Bidermann et Moritz) ;

4° De petites cellules renfermant une concrétion incolore, ou jaune pâle, que Cuénot (13) a désignées pour la première fois sous le nom de *cellules cyanophiles*. Pour Bidermann et Moritz, ce seraient les cellules vacuolaires qui sécréteraient les ferments digestifs, tandis que les cellules hépatiques seraient chargées des produits dialysables de la digestion.

En faisant des injections de matières colorantes dans le cœlome, Cuénot a montré que, contrairement à ce que pensaient Barfurth, Yung et Frenzel, les cellules vacuolaires de la troisième catégorie et les cellules cyanophiles sont des cellules excrétrices, que leurs produits d'excrétion sont rejetés périodiquement avec les excréments. Les ferments seraient alors sécrétés par les cellules hépatiques (Leberzellen). Garnault (27) a également considéré les cellules vacuolaires de *Cyclostoma elegans* comme des cellules excrétrices ; il a, d'ailleurs, retrouvé leur contenu dans le rectum.

Le foie des Gastéropodes pulmonés possède une fonction d'arrêt : ses cellules absorbent les matières colorantes mélangées à la nourriture (Cuénot) (13), mais il n'en passe pas trace dans le cœlome ; la paroi basale des cellules oppose donc une barrière infranchissable au passage des produits inutiles ou nuisibles, qui sont cependant entrés dans le cytoplasma, à travers la paroi libre. Dastre (15) a montré récemment que la chlorophylle est bien absorbée, mais qu'elle reste fixée dans le foie, où on la retrouve, même après le long jeûne de l'hibernation.

Toutes les glandes hépatiques de Gastéropodes que nous avons examinées nous ont montré, à un moment donné, une grande quantité de granulations graisseuses. La fonction adipo-hépatique paraît d'ailleurs, ici comme partout, dépendre de multiples conditions que nous avons à élucider : conditions d'âge, de nutrition, de température, etc. C'est ainsi que chez le jeune animal, les granulations sont très fines, tandis que, chez l'adulte, elles sont plus grosses et plus nombreuses. Elles varient suivant les saisons : c'est généralement au printemps que ces réserves sont les plus abondantes; cependant l'*Helix* perd ses réserves au printemps, *Littorina* a une glande hépatique riche de graisse en hiver, le foie de *Limax* ne présente de graisse que pendant les mois d'hiver (décembre et janvier).

Ces variations sont, en partie, sous la dépendance de l'alimentation; mais il est probable que d'autres conditions interviennent. Les variations saisonnières de la graisse semblent, là encore, coïncider principalement avec la période de reproduction.

Nous avons examiné 65 échantillons de Gastéropodes, d'espèces différentes et recueillis dans des conditions variées de saisons, de température, d'alimentation et de vie génitale.

Helix pomatia. — Nous commencerons la description de la fonction adipo-hépatique, chez les Gastéropodes, par l'étude de la glande hépatique de l'*Helix pomatia*; en effet, nous avons pu nous en procurer facilement des échantillons à tous les mois de l'année, et les soumettre à diverses conditions expérimentales.

L'hépato-pancréas de l'*Helix pomatia* enveloppe la glande hermaphrodite, laquelle est appliquée contre son dernier lobe, celui qui constitue le tortillon. Nous remarquons que les œufs naissent tout à fait à la périphérie de la glande hermaphrodite, c'est-à-dire dans la partie attenante au foie, tandis que les éléments mâles naissent à l'intérieur de la glande. Un tel emplacement morphologique permet de concevoir des échanges entre la portion ovarienne de la glande hermaphrodite et de la glande hépatique.

Les follicules de l'hépato-pancréas présentent différentes sortes de cellules :

1° Des *cellules-ferment*, cylindriques, reconnaissables à leur contenu coloré; elles renferment des boules rondes et des concrétions irrégulières;

2° Des *cellules hépatiques*, qui ont à peu près la même forme que les précédentes, mais qui sont beaucoup plus claires; le noyau est situé à la base. On trouve, dans le protoplasma, deux sortes de granulations : les unes, petites, colorables en rose par l'éosine; les autres, plus grosses, de coloration verte, qui souvent se réunissent et forment une masse dans le protoplasma : ce sont les pigments chlorophylloïdes de Dastre (27);

3° Des *cellules calcaires*, renfermant des concrétions de phosphate de chaux (Barfurth).

Nous avons étudié la glande hépatique de l'Helix pomatia durant toute une année. Nous avons pu ainsi établir, d'une façon précise, le fait que la glande hépatique ne présente de réserves adipeuses que pendant une courte période de temps.

Nous avons examiné, chaque mois, deux ou trois échantillons de cette espèce : le foie de l'Escargot ne présente aucune trace de graisse pendant les mois de *janvier*, *février*, *mars*, *avril*, *juillet*, *août*, *septembre*, *octobre*, *novembre* et *décembre*; il en présente, par contre, pendant les mois de *mai* et de *juin*. Au mois de *mai*, la graisse apparait, d'abord en petite quantité, puis elle augmente graduellement et finit par devenir très abondante au mois de *juin*; elle disparaît complètement à la fin de ce mois.

Fig. 9. — Hépato-pancréas d'*Helix pomatia* (mai).
La graisse, peu abondante, apparaît à la périphérie des acini.

Pendant la période où la glande hépatique est surchargée de graisse, nous voyons que, le *10 mai*, le foie, ou plutôt l'hépato-pancréas présente, après fixation et coloration par l'acide osmique, de petites granulations noirâtres d'osmium réduit, caractéristiques de graisses, de lécithines ou de savons. Ces granulations sont peu abondantes; elles se trouvent situées constamment à la base des cellules qui bordent les grands acini glandulaires. Plus tard (à la fin du mois de *mai*), les granulations sont plus grosses, plus nombreuses : certaines sont refoulées à l'intérieur de la cellule, mais jamais elles n'atteignent la lumière centrale, et toujours elles sont plus grosses et plus abondantes à la partie basale de la cellule.

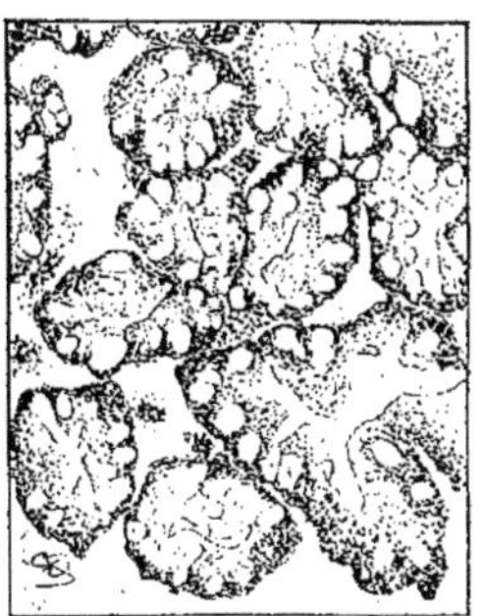

Fig. 10. — Hépato-pancréas d'*Helix pomatia* (mai) 3 heures après injections de pilocarpine. La graisse s'évacue dans les lacunes intertubulaires.

Le *26 mai*, nous faisons, d'après la technique indiquée précédemment, le dosage quantitatif de la graisse contenue dans les foies réunis de 10 Helix pomatia. Cette glande contient une grande quantité d'eau, soit 82 p. 100, puisque 17 gr. 047 de foie ne nous donnent, après dessiccation dans le vide, que 3 gr. 134 de substance sèche. La substance sèche, épuisée par l'éther, abandonne 0 gr. 590 de graisses, dans lesquelles nous trouvons 0 gr. 112 de lécithines.

La quantité de graisses est donc de 18 grammes p. 100 par rapport au foie sec, ou 3,4 p. 100 par rapport au poids de l'organe frais : les lécithines constituent le 1/5e des graisses. La graisse constitue donc presque le 1/5e des éléments solides du foie, alors qu'aux autres périodes de l'année, elle était pour ainsi dire absente.

En résumé, le foie de l'*Helix pomatia* ne renferme de la graisse que pendant deux mois de l'année (mai et juin); la proportion de celle-ci est, par rapport à la substance sèche, de 18,83 p. 100; parmi ces graisses, on trouve 3,54 p. 100 de Lécithines. Nous avons donc, dans un foie non déshydraté, 82 p. 100 d'eau, 3,46 p. 100 de graisses, et 0,67 p. 100 de Lécithines. D'autre part, pendant les huit autres mois de l'année, le foie est dépourvu de graisses.

Le court espace de temps pendant lequel persistent les réserves graisseuses du foie nous permettra d'élucider la finalité de cette fonction, grâce à la coïncidence de cette période avec la période de reproduction.

Nous parlerons, dans une autre partie de ce travail, de différentes expériences que nous avons faites sur l'Helix pomatia, à propos de la Pilocarpine, du Phosphore, et des variations de température.

Limax cinereus. — Nous avons examiné plusieurs échantillons de Limax cinereus. Les follicules de la glande hépatique se divisent fréquemment et s'anastomosent entre eux, déterminant ainsi une structure caverneuse, qui la rapproche du foie des Vertébrés (LEYDIG) (44). Les cellules qui composent ces follicules sont à peu près semblables à celles de l'hépato-pancréas de l'Helix.

Au mois d'*août*, alors que l'alimentation est, depuis longtemps, très favorable à l'animal, la glande hépatique est presque entièrement dépourvue de granulations graisseuses; on n'en trouve que quelques grains isolés; encore faut-il avoir recours à un objectif fort pour les apercevoir.

D'autre part, un échantillon, recueilli en *octobre*, présente une glande hépatique déjà riche en réserves graisseuses. Les granulations sont de grosseur moyenne, distinctes les unes des autres, presque uniformément réparties : on en trouve souvent autour des grandes vacuoles; elles s'échappent même à l'intérieur de celles-ci, qu'elles remplissent fréquemment.

Au mois de *février*, la glande paraît avoir atteint son maximum de surcharge graisseuse; les granulations sont plus grosses et beaucoup plus nombreuses qu'au mois d'octobre; certains acini sont presque uniformément teintés en noir par l'acide osmique, d'autres sont moins riches en graisse, mais néanmoins en possèdent encore beaucoup. Les espaces interacineux sont également bourrés de granulations adipeuses.

L'état vital de la glande ne paraît pas souffrir de cette surcharge : la structure du protoplasma est très nette et les noyaux fortement colorés : ajoutons qu'à cette époque, les ovules sont dépourvus de réserves adipeuses.

Au mois d'*avril*, la glande est beaucoup moins riche en graisse; certains acini sont encore très chargés de granulations graisseuses, mais la plupart en sont très pauvres, ou même complètement dépourvus.

Les réserves adipeuses de la glande hépatique paraissent, chez cette espèce, peu en rapport avec l'alimentation : en effet ces réserves sont nulles, alors que la nourriture est exubérante (mois d'août). D'autre part, la graisse apparaît en octobre, avec l'insuffisance de nourriture; elle augmente à partir de cette époque, jusqu'à devenir très abondante en décembre, alors que l'animal est presque en état d'hibernation; de plus, elle est en voie de disparition au mois d'avril, alors que l'alimentation recommence à être favorable.

Si l'on compare les variations de la fonction adipo-hépatique chez deux espèces voisines, Helix et Limax, vivant dans les mêmes conditions biologiques, et se nourrissant d'une façon à peu près semblable, on voit que, chez *Helix*, les réserves graisseuses du foie n'existent qu'aux mois de *mai* et *juin*, alors que chez *Limax*, au contraire, ces réserves n'existent qu'à partir d'*octobre*, jusqu'en *mai*; l'alimentation n'a donc, dans ces variations, qu'un rôle restreint, et elles doivent être expliquées par une autre cause que nous aurons à déterminer et qui est vraisemblablement la fonction de reproduction.

Limnea auricularis. — La glande hépatique des Limnées a une structure analogue à celle des autres Gastéropodes. Les acini sont entremêlés aux éléments de la glande génitale.

Nous avons examiné quelques échantillons recueillis aux environs de Paris, en juin. Les cellules hépatiques contiennent, d'une part, une grande quantité de granulations colorées en brun clair par l'acide osmique, et qui représentent probablement des diastases. D'autre part, la graisse y est abondante, elle occupe le pied de la cellule; elle est très souvent située entre les pieds des cellules : peut-être ce siège est-il en rapport avec son évacuation dans les lacunes sanguines.

Sur un échantillon examiné, on observe que les ovules se chargent de réserves adipeuses. Il est à remarquer que les ovules situés près du foie sont beaucoup plus riches en graisse que les autres, et que le pôle de la cellule ovulaire situé du côté du foie, présente une plus grande quantité de granulations graisseuses que le côté opposé. Il semble donc que l'on assiste à un processus d'évacuation de la graisse du foie vers les cellules génitales.

Les cellules génitales, dont dérivent les spermatozoïdes, non plus que les spermatozoïdes eux-mêmes, n'ont pas de graisse.

Planorbis contortus. — L'hépato-pancréas présente deux sortes de cellules : les unes rondes, toujours situées à la périphérie de l'acinus, possèdent un nucléole très volumineux; les autres, cylindriques, sont 60 ou 80 fois plus hautes que larges, elles ont un noyau toujours situé à la base de la cellule; leur protoplasma est vacuolaire et renferme, à l'intérieur de ces grandes vacuoles, des granulations de ferment.

Nous avons examiné le foie de ces échantillons au mois de juin; il ne présentait, à cette époque, aucune trace de graisse.

Chiton spinosus. — Nous avons examiné deux échantillons de Chiton spinosus, recueillis à Roscoff, en septembre. Les tubes hépatiques sont constitués par de grandes cellules cylindriques, à extrémités arrondies. Le protoplasma de ces cellules est nettement vacuolaire et renferme deux sortes de granulations : les unes, petites, de grosseur uniforme, se colorent en brun clair par l'acide osmique et sont désignées sous le nom de grains hépatiques; les autres, beaucoup plus grosses, doivent représenter des grains d'excrétion. Le noyau n'a pas une position fixe; on le trouve, tantôt à la base, tantôt à la partie moyenne de la cellule; il se colore bien et possède un ou deux nucléoles. Parmi les groupes de cellules hépatiques, on trouve des cellules isolées ou pressées en petit nombre; elles sont plus volumineuses, mais plus courtes que les cellules hépatiques et ne paraissent pas toujours atteindre la lumière du canal; le protoplasma en est vacuolaire et renferme différentes granulations; le noyau est volumineux, possède un gros nucléole et présente souvent des divisions karyokinétiques.

La graisse se trouve dans les deux sortes de cellules; elle n'est pas uniformément répartie dans l'acinus, mais elle est groupée par places : tandis que plusieurs cellules, placées les unes à côté des autres, sont très riches en granulations graisseuses, leurs voisines en sont dépourvues. Les granulations sont fines et ont tendance à se réunir les unes aux autres, pour en constituer de plus grosses. La graisse ne se trouve pas située de préférence à la base des cellules, comme c'est généralement le cas chez les autres Mollusques; mais de grosses gouttes adipeuses occupent aussi bien la partie supérieure que la base de la cellule.

A cette époque, l'ovaire commence à se charger de réserves graisseuses; les jeunes ovules possèdent déjà quelques granulations noires, espacées, distinctes les unes des autres; les autres ovules, plus âgés, prennent avec l'acide osmique une coloration noirâtre, tout autour de la partie centrale : cette coloration est due à une série de petits grains, très nombreux, placés les uns à côté des autres, et formant par leur ensemble une enveloppe de graisse à l'ovule.

En résumé, nous voyons que la glande hépatique du *Chiton spinosus* présente, au mois de septembre, une grande quantité de réserves adipeuses, qu'à cette époque l'ovaire commence à se charger de graisse. Cette charge ovulaire semble se faire aux dépens des réserves du foie, car, dans notre second échantillon, la glande hépatique est beaucoup moins riche en graisse que dans le premier cas, et les ovules en sont au contraire plus chargés.

Patella vulgata. — Nous avons examiné plusieurs échantillons de Patelles, recueillis en septembre, soit à Wimereux, soit à Roscoff, qui nous ont semblé très comparables les uns aux autres.

La glande hépatique est formée, comme chez la plupart des Gastéropodes, de cellules hépatiques, de cellules-ferment et de cellules calcaires. L'étude histologique de ces éléments est rendue difficile par la *très grande quantité de graisse* que renferment les cellules : elles sont, en effet, remplies depuis la base jusqu'à la lumière du canal, par des granulations de moyenne grosseur, qui se colorent fortement en noir par l'acide osmique; malgré cette surcharge, l'état vital de la cellule n'est pas atteint; car les noyaux que l'on peut apercevoir ne sont pas déformés et se colorent en rouge intense par la safranine.

Ajoutons que les cellules intestinales sont également très chargées de granulations graisseuses et que les ovules n'en contiennent pas encore.

Sur un autre échantillon, la graisse est un peu plus abondante dans les cellules; de plus, on en trouve à l'intérieur du canal glandulaire, et quelquefois en quantité telle, que le canal est entièrement rempli par une substance graisseuse qui se colore fortement en noir par l'acide osmique.

En résumé, les Patelles présentent, au mois de septembre, une glande hépatique extraordinairement riche en graisse, alors que la glande génitale en est tout à fait dépourvue.

Trochus tumidus. — Nous avons examiné deux échantillons de Trochus tumidus, recueillis à Wimereux, en septembre.

La structure histologique des tubes hépatiques ne présente rien de particulier et nous ne nous occuperons que de la graisse contenue dans cette glande. Elle se présente en granulations de différentes grosseurs; les plus grosses sont constamment situées à la base de la cellule, elles vont en diminuant progressivement jusqu'à la lumière du canal; quelques-unes même s'échappent dans ce canal. Nous remarquons, d'autre part, que l'acinus n'est pas uniformément riche en graisse, mais que celle-ci est groupée de telle sorte que la moitié, ou les trois quarts de l'acinus sont chargés de granules adipeux, tandis que l'autre quart n'en contient que quelques-uns, ou même pas du tout. Ajoutons que l'on trouve de la graisse en circulation dans les espaces interlobulaires, que l'ovaire en contient également, mais très peu, et en grains isolés les uns des autres.

Littorina littorea. — Nous avons examiné plusieurs échantillons de Littorina littorea; deux d'entre eux sont particulièrement intéressants par la variation de leur teneur en graisse.

L'un, pris au mois de *juin*, nous montre une glande hépatique peu riche en granulations graisseuses; celles-ci se trouvent groupées par places, à la base des cellules. On n'en trouve que très rarement dans la moitié supérieure de la cellule; certaines parties de l'acinus en sont même complètement dépourvues. Les espaces interlobulaires contiennent également des granulations graisseuses, mais d'une façon discrète; ces granulations augmentent dans les vaisseaux qui se rapprochent de l'ovaire. A cette époque, les œufs paraissent avoir atteint une maturité presque complète; ils sont entourés d'une couche de granulations graisseuses, dont l'épaisseur atteint 6 ou 8 fois les dimensions de l'ovule, et qui constitue les réserves embryonnaires.

Au mois de *septembre*, alors que la ponte est effectuée, l'ovaire semble tout à fait réduit, le tissu conjonctif qui réunit les jeunes ovules contient encore des granulations graisseuses, mais les ovules eux-mêmes en sont dépourvus. Par contre, la glande hépatique paraît avoir son maximum de surcharge graisseuse.

Chaque acinus est entouré d'une couronne de granulations graisseuses; elles sont si nombreuses qu'elles se confondent et colorent uniformément en noir le pourtour de l'acinus; la base des cellules est entièrement noire; la partie supérieure, tout en étant un peu plus distincte, est encore très chargée de graisse. On trouve, dans l'intérieur du canal, de grosses gouttes de graisse englobées.

Nous avons observé les mêmes faits chez la *Littorina obtusata*.

En *résumé*, les Littorines présentent une glande hépatique très surchargée de graisse, à l'époque où l'ovaire en est dépourvu; à mesure que les ovules se chargent de réserves graisseuses, la glande hépatique se décharge des siennes.

Il semble donc, là encore, y avoir un balancement entre la surcharge graisseuse et lécithinique des deux organes.

Nous rapporterons, d'après Leydig (44), le cas de *Paludina vivipara*: lorsqu'elle se prépare au commencement de novembre, à entrer dans le sommeil hibernal, le foie, au lieu d'avoir, comme d'habitude, un aspect brun jaunâtre, est blanchâtre : les cellules hépatiques ne renferment plus de matières bilieuses, mais seulement des corpuscules de graisse. Dans l'estomac, où la bile formait auparavant des cordons enveloppés d'une substance incolore, Leydig a trouvé que ces cordons n'étaient composés que de lamelles graisseuses.

Céphalopodes.

La glande digestive des Céphalopodes, désignée sous le nom de foie, occupe la plus grande partie du segment antérieur du corps.

Les lobes du foie sont au nombre de deux chez les Décapodes;

ils sont réunis en une seule masse ovoïde chez les Octopodes; mais alors il existe toujours deux canaux excréteurs qui trahissent la parité primitive de l'organe, et vont déverser leur contenu dans le sac pylorique.

Le foie des Céphalopodes sécrète plusieurs ferments, une diastase qui digère l'amidon et le glycogène, de la pepsine, et de la trypsine. Comme le foie des animaux supérieurs, il renferme du glycogène, de la mucine, et des graisses. En revanche, il ne contient ni acides biliaires, ni pigments biliaires : mais le foie des Vertébrés eux-mêmes ne contient pas d'acides biliaires; c'est la bile qui en contient. Bourquelot (5) ne considère pas cet organe comme un foie, mais comme une glande à propriétés digestives, que l'on doit assimiler au pancréas ; il nous paraît plus rationnel de l'envisager comme une glande mixte, un hépato-pancréas, réunissant à la fois les propriétés du pancréas et du foie.

Une coupe du foie d'*Octopus vulgaris* prélevé à Roscoff, au mois de septembre, présente une série de tubes aciniques accolés les uns aux autres; ceux-ci sont constitués par une grande quantité de cellules tassées les unes contre les autres et fréquemment disposées en éventail.

Après coloration par l'acide osmique et par la safranine, chacune de ces cellules apparaît bourrée de deux sortes de granules : les uns, rouge vif, les autres noirs; il existe également dans le protoplasma un certain nombre de vacuoles. Les granulations rouges ont fixé avec une élection remarquable la safranine; peut-être ces corps safranophiles sont-ils doués d'un pouvoir diastasique et ressortent-ils au rôle digestif de la glande; mais peut-être aussi sont-ils constitués par des matériaux de réserve de nature albuminoïde.

Quant aux granules noirs, ils représentent évidemment des corps gras; un certain nombre d'entre eux sont de très petite taille et se disposent en traînées à la base de la cellule; d'autres, plus gros, sont situés surtout à la partie supérieure de la cellule; enfin, quelques grosses masses noires semblent être tombées dans les vacuoles, qu'elles occupent en partie.

En résumé, l'organe hépatique du Poulpe apparaît, tout au moins dans le cas que nous avons examiné, extrêmement riche en graisses, et en granulations safranophiles; les unes et les autres semblent s'élaborer progressivement dans la cellule, et s'éliminer dans les vacuoles.

CRUSTACÉS

Les glandes gastro-pyloriques sont bien développées chez les Crustacés. Chez les *Entomostracés*, elles s'ouvrent dans l'estomac ou dans la région qui lui correspond; chez les *Malacostracés*, elles s'ouvrent au-dessous de l'estomac, dans une région où ce dernier est souvent dépourvu de revêtement chitineux.

Les glandes gastriques des *Entomostracés* sont des cæcums parfois simples, généralement plus ou moins ramifiés. Ces glandes manquent chez beaucoup de *Copépodes*. Ches les *Ostracodes*, elles sont représentées par deux simples cæcums gastriques; ceux-ci s'allongent davantage, et commencent à se ramifier chez les *Phyllopodidés*. Ils se transforment enfin chez *Apus*, et chez les *Cirrhipèdes* non parasites, en appendices arborescents très développés.

Chez les *Décapodes*, l'organe hépatique est formé de grosses masses glandulaires symétriques, qui occupent la majeure partie de la cavité viscérale; elles sont souvent réunies entre elles par un pont assez large de même substance; la couleur plus ou moins jaune de ces organes se distingue à travers la fine membrane qui les recouvre et qui s'enfonce entre leurs lobes.

Lorsqu'on a dépouillé le foie de sa tunique externe, on trouve qu'il est formé par d'innombrables tubes glandulaires, qui, d'un côté, sont fermés en cæcums, et, de l'autre, débouchent de proche en proche dans un canal commun, ouvert dans la partie latérale de la portion pylorique de l'estomac; la bile qui s'y déverse est d'une couleur jaune verdâtre. La forme et le volume du foie varient beaucoup, ainsi que le nombre de ses lobes, et la longueur des vésicules cæcales qui la composent.

Ajoutons que chez les *Squilles*, ce viscère a une structure granuleuse et présente, comme l'a observé Cuvier (14), deux rangées de lobes qui s'étendent dans toute la longueur de l'intestin.

Il est aussi à remarquer que, chez les Crustacés suceurs, le foie paraît être remplacé par un tissu spongieux et réticulé, qui forme autour du tube digestif une sorte de lacis (Milne Edwards [50]).

Si on fait une coupe de la glande hépatique d'un Décapode quelconque, on constate que l'épithélium sécréteur repose sur une fine membrane musculaire; il est formé de deux sortes de cellules : les *cellules-ferment* (Fermentzellen de Weber) et les *cellules hépa-*

tiques (Leberzellen). Ce sont ces dernières qui contiennent les réserves graisseuses : celles-ci sont particulièrement abondantes, d'après Bouvier, chez les Paguriens et les Crabes terrestres.

La glande digestive des Crustacés paraît avoir des fonctions multiples; elle possède :

1° *Une fonction digestive* : c'est en effet au travers de cet épithélium que passent dans le sang les produits de la digestion, comme l'a observé Cuénot;

2° *Une fonction excrétrice* : si on injecte du bleu de méthylène dans le cœlome de l'Écrevisse, par exemple, on obtient une belle coloration élective des cellules à ferment, dont les vésicules prennent une teinte bleue; au bout de quelques jours, le bleu est éliminé avec les excréments (Cuénot [13]);

3° *Une fonction absorbante* : les produits solubles (peptones, glycose) seraient absorbés par la glande digestive; les graisses, au contraire, seraient absorbées en grande partie par l'intestin;

4° *Une fonction d'arrêt* : la glande digestive des Mollusques Gastéropodes, ainsi que celle des Crustacés Décapodes, possèdent une fonction d'arrêt. Quand on injecte, dans la poche malaxatrice d'un Crustacé, des matières colorantes, on retrouve ces matières dans les cellules hépatiques. Un *Gecarcinus ruricola*, nourri avec de la viande que l'on mélange tous les jours à de petites quantités croissantes d'acide arsénieux, supporta ce régime; après un mois, on put constater la présence du poison dans les lobules de la glande digestive et à peu près exclusivement dans cet endroit du corps (Hœckel [35]);

5° *Une fonction anticoagulante* : le liquide exsudant de la glande digestive de l'Écrevisse ou du Homard, enlevé à l'animal vivant, possède une propriété anticoagulante comparable à celle de l'extrait de sangsue. Il empêche in vitro la coagulation du sang des Crustacés et des Mammifères; il rendrait, en outre, le sang incoagulable lorsqu'on l'injecte dans les veines d'un Mammifère (Abelous et Billard).

Le liquide sécrété par les glandes hépatiques des Crustacés est acide, il contient toujours de la pepsine, dissout rapidement la fibrine sans la gonfler, émulsionne l'huile et saccharifie l'amidon. Il se comporte à peu près comme le suc pancréatique des Vertébrés.

Relativement à la *fonction adipo-hépatique*, qui nous intéresse seule, Dastre (30) a constaté l'extrême rareté de la graisse dans les tissus des Crustacés; à première vue, elle fait défaut; les dépôts de matières grasses paraissent absents. L'examen micro-chimique direct apporte une confirmation à cette vue. On peut faire, en effet, un grand nombre de préparations de muscles, de parois digestives, du tissu conjonctif interposé, sans rencontrer ni cellules adipeuses, ni même de corpuscules graisseux, ou de graisse infiltrée.

Par contre, au niveau du foie, et du foie seul, on constate une abondante provision de matières grasses. Chez le Homard, par exemple, la substance grasse est si abondante, qu'elle rend impossible la déshydratation complète de l'organe. Cette matière grasse sert de support à une petite quantité de pigment soluble dans le chloroforme, que Dastre (16) a appelé *choléchrome*.

Chez d'autres Crustacés, *Astacus* par exemple, la glande hépatique contient une bien moindre proportion de matière huileuse; cependant, elle existe encore en une quantité très appréciable.

Un élève de M. Dastre, E. Davenière, a opéré sur divers Crustacés (*Carcinus mœnas*, *Cancer pagurus*, *Astacus fluviatilis*, *Homarus vulgaris*). Dans chaque cas, il faisait deux parts des organes : d'un côté, les foies, de l'autre, l'ensemble des différents tissus; l'un et l'autre lot étaient traités de la même manière pour l'extraction des corps gras. Le résultat a été constant, les matières grasses sont localisées exclusivement dans le foie.

Nous avons repris la question principalement au point de vue histologique : nos résultats confirment, d'une façon générale, ceux de M. Dastre, quant à la localisation exclusive de la graisse dans le foie. Mais nous avons vu, ainsi que l'avaient déjà remarqué MM. Giard et J. Bonnier (29) que les réserves graisseuses, accumulées dans le foie des Crustacés, ne sont pas constantes; elles sont sujettes à de grandes variations qui semblent en rapport avec les saisons.

Chez les Décapodes, en particulier, le foie est très volumineux et très coloré avant la ponte, ou plutôt avant la formation des œufs; il se réduit beaucoup, et devient d'une nuance très pâle, au moment où la glande génitale est en pleine activité.

A certaines époques de l'année, on trouve, chez tous les individus d'une même espèce, une grande quantité de corpuscules adipeux dans la glande hépatique; à d'autres périodes, au contraire, ils font totalement défaut, quel que soit l'individu examiné; là encore, cette variation saisonnière très précise pourra nous renseigner sur la finalité de la fonction adipo-hépatique.

Astacus fluviatilis. — Nous avons particulièrement suivi, pendant toute l'année, les modifications de la teneur en graisse du foie, chez Astacus fluviatilis, que l'on peut se procurer assez facilement.

Le foie d'Astacus est remarquable par sa grosseur; il forme deux masses oblongues, situées dans la cavité thoracique. Il est formé de nombreux tubes fermés en cæcum, dont l'extrémité aveugle est tournée en dehors, tandis que l'autre extrémité s'ouvre sur un canalicule excréteur, situé dans la profondeur de la glande. Tous les canalicules convergent vers deux canaux principaux, qui déversent leur contenu dans l'intestin.

Chaque tube hépatique est entouré d'une fine couche de tissu conjonctif, qui le relie aux vaisseaux et aux nerfs.

L'épithélium du foie comprend trois sortes de cellules : 1° des cellules digestives, qui sont en général très développées; 2° des cellules excrétrices; 3° des cellules-ferment.

Les *cellules digestives* sont larges, cylindriques : le noyau, ovale, est situé à la base de la cellule, le protoplasma est vacuolaire, avec de larges vacuoles à l'intérieur desquelles on trouve des granulations graisseuses et du glycogène. Ces cellules ont donc la propriété d'emmagasiner différentes sortes de réserves nutritives, d'où leur nom.

Les *cellules excrétrices* se trouvent entre les cellules digestives; elles ont un protoplasma granuleux, un noyau aplati et sont gonflées par une vacuole géante, renfermant un liquide coloré en vert pendant la vie; c'est à cette matière colorante que le foie devrait sa teinte gris verdâtre; par suite de l'éclatement de la paroi de la vacuole, le liquide est excrété dans le canal glandulaire.

Les *cellules-ferment* ont une constitution semblable à celle des cellules digestives, elles s'en distinguent par un protoplasma plus dense, renfermant des grains de ferment, colorables en rose par l'éosine, et par un noyau plus volumineux situé au centre de la cellule.

Relativement à la surcharge graisseuse, nous avons eu l'occasion d'examiner une série d'échantillons prélevés à différentes périodes de l'année.

Au mois de *janvier*, le foie présente l'aspect que nous avons précédemment décrit; mais il n'y a pas trace de graisse dans les acini glandulaires, non plus que dans les espaces interacineux. Il ne s'agit pas d'un cas exceptionnel, car le fait a été constaté sur 5 échantillons de provenances différentes.

Au mois de *février*, le foie ne présente toujours pas de graisse : nous remarquons qu'à cette époque les ovaires sont très petits.

Au mois de *mars*, on commence à apercevoir une très minime quantité de graisse, dans quelques rares acini; celle-ci se présente en petites granulations fines, séparées les unes des autres. Les ovaires sont très petits.

Au mois d'*avril*, l'aspect est entièrement différent : les acini sont pleins de granulations graisseuses, qui réduisent l'acide osmique ; ces granulations sont tellement abondantes qu'elles masquent, en grande

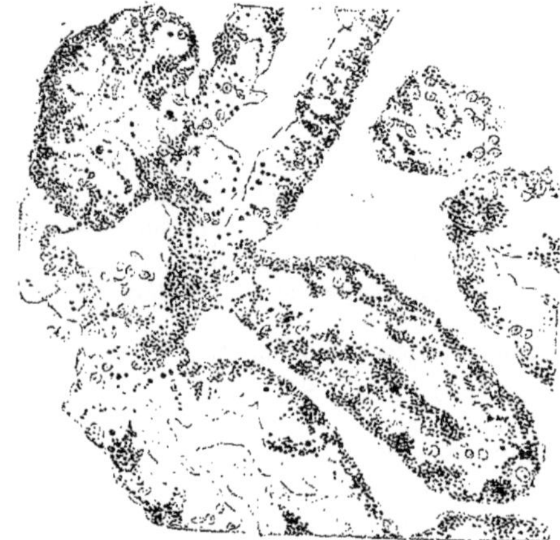

Fig. 11. — *Astacus fluviatilis* (avril). — Les acini sont pleins de granulations graisseuses.

partie, les détails de structure de la glande ; on aperçoit néanmoins, à l'intérieur de certaines cellules, de grosses vacuoles probablement pleines de liquide, et qui ne contiennent pas de graisse. Le reste du protoplasma est farci de granulations de tailles diverses, les unes considérables et

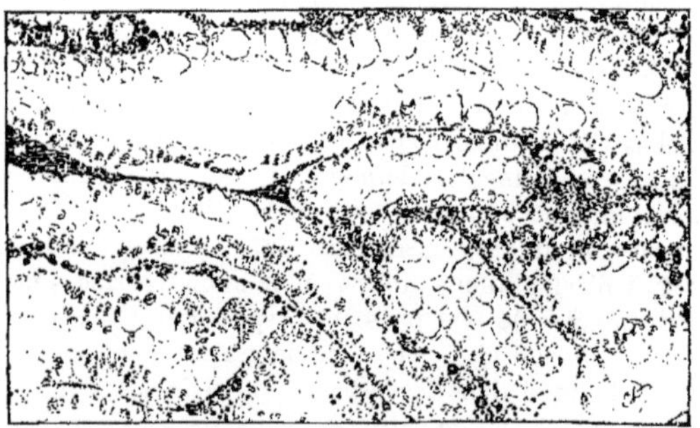

Fig. 12. — *Astacus fluviatilis* (octobre). La graisse s'évacue du foie et surcharge les ovules.

confluentes, les autres beaucoup plus fines. La lumière centrale de l'acinus contient une très minime quantité de granulations graisseuses.

La graisse, après avoir persisté pendant un certain temps, diminue progressivement.

Au mois d'*octobre*, on retrouve une légère quantité de graisse sur les coupes histologiques; mais cette quantité n'est pas comparable à celle

Fig. 13. — *Astacus fluviatilis* (deux heures après une injection de pilocarpine), la graisse se rassemble en grosses gouttes et s'échappe dans la lumière du canal.

du mois d'avril; elle est répartie en très fines granulations disséminées

Fig. 14. — *Astacus fluviatilis* (octobre). On trouve dans les espaces interacineux une assez grande quantité de graisse supérieure à la quantité de graisse intracellulaire.

dans les cellules; la plupart n'en contiennent pas du tout. Par contre, il est à remarquer que l'on trouve, dans les espaces interacineux, une quantité de graisse anormale, supérieure à la quantité de graisse intracellulaire : certaines lacunes contiennent un grand nombre de petites et de grosses granulations noires. Ce phénomène n'existe pas au mois d'avril; il semble donc que l'on assiste à une mobilisation de la graisse du foie. Sur certains points de la coupe, particulièrement intéressants, on observe à la fois la glande hépatique et l'ovaire; on voit alors que l'ovaire présente une série d'ovules de dimensions différentes, à différents âges par conséquent, et que les espaces qui séparent les ovules sont bourrés de granulations graisseuses; ces granulations tendent à constituer une véritable couronne autour des ovules. Il semble donc que la graisse qui s'évacue des cellules hépatiques, et que nous retrouvons dans les lacunes intra-acineuses, tend à se masser dans les organes génitaux et particulièrement autour des ovules en développement.

Cette observation histologique montre bien les rapports de la fonction adipo-hépatique avec la constitution des réserves embryonnaires.

D'après un travail de CHANTRAN (10), les époques de ponte et de mue de l'Écrevisse seraient fixées de la façon suivante : l'accouplement aurait lieu de novembre à janvier; la ponte variant de deux à quarante-cinq jours après l'accouplement; les mues auraient lieu plusieurs fois la première année, 5 fois la seconde, 2 fois la troisième. La jeune écrevisse devient adulte en entrant dans sa quatrième année; la mue n'a plus lieu alors qu'une seule fois par an, pour les femelles, en août et septembre. Quant aux mâles, une première mue a lieu en juin et juillet, et une seconde en août et septembre. Mais ces observations ne semblent pas absolument conformes à l'état des ovules, tel que nous l'avons observé sur nos préparations.

Pour appuyer nos examens histologiques, nous avons effectué le dosage chimique des graisses à différentes périodes.

Le foie étant de dimensions trop faibles pour permettre un dosage assez précis, nous avons réuni l'organe hépatique de plusieurs animaux.

Au mois d'*avril*, le foie de 8 Astacus fluviatilis donne :

Foie	14 gr. 054
Foie sec	3 gr. 364
Graisses	1 gr. 300
Lécithine	0 gr. 109

Au mois de *mai*, le foie de 7 Astacus fluviatilis donne :

Foie	10 gr. 700
Foie sec	2 gr. 740
Graisses	1 gr. 034

Au mois de *novembre*, le foie de 8 Astacus fluviatilis donne :

Foie	12 gr. 897
Foie sec	3 gr. 411
Graisses	0 gr. 583

En résumé, l'étude de la fonction adipo-hépatique chez *Astacus* précise un certain nombre de données très nettes.

La graisse siège à peu près exclusivement au niveau du foie (réserves faites cependant pour les glandes génitales en activité).

La quantité de graisses du foie est extrêmement variable suivant la saison :

Nulle en janvier et février, très abondante en avril (38 gr. 64 p. 100 par rapport au foie sec, et 9 gr. 25 p. 100 par rapport au foie humide), cette quantité diminue déjà en mai (elle est de 37,72 p. 100 pour le foie sec, et 9,64 pour le foie humide). En novembre, elle a beaucoup diminué : elle n'est plus que de 17 gr. 09 p. 100 par rapport au foie sec, et 3 gr. 79 par rapport au foie humide; mais l'examen histologique montre qu'elle passe à ce moment dans la circulation et qu'elle se concentre au niveau de l'ovaire.

A mesure que les réserves du foie disparaissent, les réserves de l'ovaire augmentent; la transition est décelée par l'existence de granulations graisseuses dans les lacunes.

Carcinus mænas. — La glande digestive, désignée sous le nom de foie, se présente sous la forme de deux masses jaunes ou brunâtres, logées de chaque côté de l'intestin dans la cavité thoracique. Chacune de ces masses est plus ou moins divisée en trois lobes, composés de nombreux tubes ou cæcums, dont l'extrémité aveugle est tournée en dehors, tandis que l'autre extrémité s'ouvre sur un canalicule excréteur, situé dans la profondeur de la glande; tous les canalicules excréteurs se réunissent en un large canal collecteur, qui s'ouvre dans l'intestin.

Chaque tube hépatique est constitué par une fine membrane, renfermant des fibrilles musculaires et de grandes cellules transparentes. L'endothélium sécréteur consiste en cellules plus ou moins cylindriques et d'une grande délicatesse; on y peut distinguer deux sortes de cellules, qui diffèrent par leur forme, par leur contenu et par la manière dont elles se comportent avec l'acide osmique. Les unes, normalement plus foncées, renferment des concrétions irrégulières, d'une substance brune, opaque, soluble dans l'eau : ce sont les *cellules-ferment* (Fermentzellen de Max Weber); les autres, plus claires, appelées *cellules hépatiques* (Leberzellen) contiennent un nombre variable de globules réfringents, légèrement jaunâtres ou brunâtres, qui noircissent sous l'influence de l'acide osmique.

Nous avons examiné plusieurs échantillons de Carcinus mænas, aux mois de mai, de juin et de septembre. A ces périodes, tous nous ont présenté des réserves adipo-hépatiques, mais en quantités variables.

Au mois de *mai*, la glande hépatique est extrêmement riche en graisses; toutes les cellules sont bourrées de granulations graisseuses plus ou moins fines, qui souvent confluent entre elles pour former de grosses gouttes, se colorant fortement par l'acide osmique. Les réserves graisseuses sont si abondantes qu'il est difficile de distinguer aucun détail de structure; à peine aperçoit-on de place en place quelques noyaux colorés en rouge par la safranine, et qui indiquent que l'état vital de la cellule n'est pas attaqué; les espaces interlobulaires ne présentent aucune granulation graisseuse, non plus que les canaux glandulaires.

A cette époque, les ovules ne présentent aucune granulation graisseuse; on remarque, en outre, que les tubes hépatiques sont d'autant plus riches en graisses, qu'ils sont plus voisins de la glande génitale.

Au mois de *juin*, la graisse est moins abondante; les granulations sont surtout situées à la base de la cellule et occupent environ les 3/4 de la cellule; elles atteignent rarement la lumière du canal. Les cellules se distinguent nettement, avec leur protoplasma normal et leurs noyaux fortement colorés par la safranine; certains espaces interlobulaires sont remplis de granulations graisseuses.

Au mois de *septembre*, alors que la ponte a lieu d'août en septembre chez les Carcinus, on observe, chez les femelles à ponte récente (ayant encore les œufs sous les pattes) une glande hépatique pauvre en granulations graisseuses; ces granulations sont plus ou moins grosses, très irrégulièrement dispersées, certains tubes n'en contiennent même pas.

Chez les mâles, les granulations graisseuses sont encore moins abondantes; elles sont, le plus souvent, situées à la base de la cellule.

Sur les conseils de M. Giard, nous avons pu étudier, au mois de septembre, à la station zoologique de Wimereux, les modifications apportées à la fonction adipo-hépatique des Carcinus, par une maladie parasitaire qui sévissait à ce moment sur cette espèce.

10 échantillons ont été examinés; tous, sans exception, nous ont paru malades : la carapace était décolorée, rougeâtre, parfois complètement blanche, et chargée d'un nombre plus ou moins grand de petits cirripèdes (Balanus balanoïdes) qui indiquaient que, depuis longtemps, la mue n'avait pas eu lieu; en outre, l'animal semblait fatigué, se laissait prendre facilement et réagissait peu aux excitations.

Examiné à l'œil nu, le foie présente différents aspects, suivant le stade plus ou moins avancé de la maladie.

Au début, il est de couleur jaune plus ou moins pâle : par places il est complètement blanc, surtout vers les extrémités des culs-de-sac hépatiques. A une période plus avancée, la décoloration s'accentue, les tubes hépatiques sont renflés par places; on croirait que le foie est parsemé de vésicules remplies de liquides; en effet, si à l'aide d'une aiguille très fine on perce le tube hépatique en cet endroit, il s'en écoule un liquide blanchâtre, plus ou moins laiteux.

Plus tard, le foie s'atrophie considérablement, l'extrémité des cæcums hépatiques se chitinise, devient grisâtre et même complètement noire.

Nous avons prélevé plusieurs échantillons de ces foies aux différents stades de la maladie, et nous les avons fixés dans la liqueur de Flemming et dans le formol.

Les pièces fixées par le formol et l'alcool et colorées par la Thionine, montrent dans les cellules une série de granulations fortement colorées en bleu par la Thionine, et ayant l'aspect de gros coccus.

Ces granulations deviennent de plus en plus abondantes, au fur et à mesure que l'on s'approche de l'extrémité cæcale du tube hépatique, où elles sont en nombre très considérable.

Il est à remarquer que c'est précisément vers son extrémité cæcale que le tube hépatique, examiné macroscopiquement, paraît le plus malade.

En l'absence de cultures, nous pensons qu'il s'agit là de micro-organismes parasitaires : ces coccus sont remarquables par leurs grandes dimensions, mais on sait qu'il en est souvent ainsi chez les espèces aquatiques. Nous pensons d'ailleurs revenir sur cette question : nous ne donnerons ici que quelques détails intéressant la répartition de la graisse dans ces foies pathologiques.

La glande hépatique fixée dans la liqueur de Flemming présente de grosses granulations graisseuses plus ou moins abondantes suivant les cas. Si on fait une coupe longitudinale de la glande au début de la maladie, on constate que, de place en place, la lumière du canal glandulaire est extrêmement dilatée; en cet endroit, les vacuoles des cellules excrétrices ont, pour la plupart, éclaté, et leur contenu se retrouve à l'intérieur du canal. A cet état, les microbes sont peu abondants et se trouvent près des dilatations canaliculaires.

La graisse n'est pas uniformément répartie dans toute la glande; *les acini qui paraissent sains, en sont presque complètement dépourvus*; au contraire, les cellules qui bordent la partie dilatée du tube, présentent, à leur base, une rangée régulière de petites granulations graisseuses; certains acini sont encore plus riches en graisses; celle-ci pénètre plus profondément dans la cellule et va parfois jusqu'à atteindre la lumière du canal.

Plus tard, l'aspect de la glande a complètement changé; on ne distingue plus aucune cellule hépatique et les tubes sont séparés les uns des autres par une couronne de grosses granulations graisseuses, plus ou moins épaisse. Ces granulations sont surtout très abondantes à la partie subterminale du tube, la partie terminale, souvent chitinisée, rendant les coupes impraticables. La plupart de ces tubes hépatiques ne présentent aucune trace de canal glandulaire; l'intérieur du tube est occupé par un tissu scléreux, très serré, à structure alvéolaire, renfermant des granulations graisseuses qui sont souvent très abondantes.

En résumé, nous voyons qu'il se développe chez certains Crabes, au mois de septembre, une maladie parasitaire, caractérisée par une décoloration des téguments, un affaiblissement général, et par la présence de gros coccus à l'intérieur des cellules hépatiques; que cette maladie aboutit à une atrophie du foie, à une chitinisation de la partie terminale des cæcums hépatiques, et à une *dégénérescence graisseuse pathologique* du foie, qui croît parallèlement avec la marche de la maladie.

Chez les différents Crabes que nous avons examinés au mois de septembre : *Portunus puber*, *Pinnothere pisum*, *Porcellana platycheles*, *Idotea marina*, nous avons trouvé une glande hépatique riche en réserves graisseuses; les granulations sont généralement situées à la base des cellules digestives: chez Portunus puber, la graisse est très abondante, et occupe la plus grande partie de la cellule.

Crangon vulgaris. — Les Crevettes présentent un hépato-pancréas comparable à celui de l'Astacus fluviatilis; on y retrouve les trois espèces de cellules : nutritives, excrétrices et glandulaires.

Au mois de juin, c'est-à-dire un peu avant la ponte, la glande hépatique est extrêmement riche en graisse. Le protoplasma des cellules paraît presque dépourvu de granulations graisseuses; celles ci ont été expulsées dans les vacuoles qu'elles remplissent en partie. L'état vital de la cellule ne paraît pas modifié; le réseau protoplasmique est très net, et le noyau se colore fortement par la safranine.

D'autre part, plusieurs échantillons de Crevettes ont été examinés en septembre, c'est-à-dire après la ponte; nous avons pu remarquer que la glande hépatique était alors complètement dépourvue de granulations graisseuses.

L'*Eupagurus Bernhardus* présente, au mois de septembre, une glande hépatique chargée de grosses granulations graisseuses, bien distinctes les unes des autres, qui remplissent les cellules, en contournant les vacuoles, à l'intérieur desquelles elles tombent quelquefois.

Au mois d'avril, sur un échantillon provenant d'Arcachon, nous avons retrouvé une assez forte proportion de graisses dans les tubes hépatiques.

En résumé, nous voyons que le foie des Crustacés, comme celui des autres Invertébrés examinés, présente, à un moment donné, une grande abondance de réserves adipo-hépatiques; que, chez *Astacus*, ces réserves apparaissent au mois de mars, qu'elles sont très abondantes aux mois d'avril et de mai, qu'elles disparaissent vers les mois d'octobre et de novembre, et qu'elles sont tout à fait nulles aux mois de décembre, janvier et février.

Chez les *Crabes*, la fonction adipo-hépatique est plus développée, ainsi que l'a montré M. Dastre. On observe, néanmoins, d'assez grosses variations saisonnières.

Une maladie parasitaire qui sévissait à Wimereux sur les Crabes au mois de septembre, semble avoir déterminé un développement exagéré de cette fonction; ce fait est intéressant, si on le rapproche des dégénérescences ou surcharges graisseuses pathologiques, observées chez l'homme et chez les animaux supérieurs.

Enfin, une série d'autres espèces, que nous n'avons pu examiner qu'au mois de septembre, nous a paru présenter, à un haut degré, des réserves graisseuses uniquement réparties au niveau de la glande hépatique.

VERTÉBRÉS

De même que chez les Invertébrés, nous allons trouver, chez les Vertébrés, une fonction adipo-hépatique assez développée; mais à mesure que l'on avance dans la série animale, elle est de moins en moins évidente : d'une part, à cause de la complexité croissante des fonctions du foie; d'autre part, à cause de la diffusion beaucoup plus grande de la fonction adipogénique dans les différents tissus.

En effet, chez la plupart des Vertébrés, les réserves graisseuses se localisent en maint et maint organe : dans le tissu cellulaire sous-cutané, dans l'épiploon, dans les cartilages, dans la moelle des os, dans les capsules surrénales, dans le système nerveux, etc., en sorte que le rôle du foie, à cet égard, semble perdre de son importance, en perdant de sa spécificité.

Il n'en est rien cependant : le foie reste toujours un organe à fonction adipogénique spéciale, et, même alors qu'il paraît à peu près dépourvu de graisses à l'état normal, on voit celle-ci apparaître dans certaines circonstances : au moment de la reproduction, de l'allaitement, à la suite d'une alimentation spéciale, et surtout dans les maladies de cet organe; on ne peut comprendre l'importance de la transformation graisseuse pathologique du foie, sous l'influence du phosphore, de l'arsenic, de l'alcool, et de certains poisons microbiens, comme ceux de la tuberculose, ou de la fièvre jaune, que si l'on connaît la fonction adipo-hépatique à l'état physiologique.

La glande hépatique des Vertébrés est, d'ailleurs, construite sur un plan différent de celle des Invertébrés : la complexité croissante des fonctions a nécessité le dédoublement de la glande intestinale : l'hépato-pancréas des Invertébrés s'est transformé, d'une part en une glande à fonction digestive prédominante, le pancréas, et d'autre part, en une glande complexe, à fonction sanguine, antitoxique, régulatrice, à la fois garde-barrière et garde-manger, qui défend l'économie et régularise l'apport alimentaire.

Ce dédoublement a déterminé différentes modifications de structure, que nous allons résumer en quelques mots :

Embryologiquement, le foie des Vertébrés est dérivé de l'intestin moyen. Il est d'abord constitué par un ou deux diverticules du mésentéron. Plus tard, cette ébauche primitive se modifie différemment suivant les différents types, et de ces modifications résulte la formation d'un ou plusieurs bourgeons digestifs plus ou moins ramifiés : les ramifications forment, par leur ensemble, une véritable glande tubulée, telle qu'on l'observe chez les Poissons, les Batraciens, les Reptiles et les Oiseaux.

Quand on a affaire à un foie qui doit rester tubulé, il y a peu de modifications; les cordons de cellules hépatiques continuent à s'anastomoser et achèvent de se développer en tubules; des capillaires définitifs se développent encore entre eux : les vaisseaux afférents et efférents se distinguent par le développement, autour d'eux, de tissu conjonctif, qui reste longtemps peu différencié.

Chez les Mammifères, on voit apparaître, à ce stade (embryon de mouton de 55 millimètres) des cellules répondant à des germes vasculaires (C. vaso-formatrices de van der Stricht et de Renaut); elles pénètrent dans les travées hépatiques elles-mêmes, directement entre les cellules épithéliales, se divisent rapidement et constituent l'îlot vasculaire; certaines cellules filles forment des globules rouges nucléés, d'autres constituent les germes vasculaires avec leur paroi granuleuse parsemée de noyaux, contenant à leur intérieur des globules rouges définitifs : ces cellules vaso-sanguines, appliquées directement contre les cellules hépatiques, constituent les capillaires radiés. Plus ou moins rapidement, ils se mettent en communication entre eux, avec les vaisseaux préexistants. Enfin, à ce moment, des cellules géantes et des cellules à noyau bourgeonnant apparaissent; elles auraient, pour VAN DER STRICHT et RENAUT (60), un rôle de remaniement des travées hépatiques, par phagocytose de certaines cellules hépatiques.

Lentement, par ce double mécanisme (cellules vaso-motrices et phagocytes) le parenchyme lobulaire est ramené à des îlots plus ou moins complètement individualisés, autour de bourgeons terminaux collecteurs des branches veineuses sus-hépatiques. Les centres de radiation lobulaire deviennent d'autant plus nombreux, les ilots ont une aire d'autant plus réduite et d'autant mieux circonscrite par les bandes porto-biliaires, que l'embryon de Mammifère devient plus âgé. La disposition lobulaire est d'ailleurs incessamment remaniée.

Histologiquement, chez les Batraciens, les tubes hépatiques se divisent dans toutes les directions et dans tous les plans; ils forment ainsi une masse compacte, où les différents tubules ne sont pas nettement visibles : le foie est pseudo-lobulaire.

Chez les Mammifères et chez l'homme, l'organe hépatique est remanié par les vaisseaux; il s'oriente autour d'eux, perd peu à peu son aspect tubulaire, et se dispose en travées lobulaires. Il représente alors le type d'une glande vasculaire sanguine. Chaque lobule hépatique forme une petite masse, souvent polyédrique, et n'ayant qu'un millimètre environ de diamètre. Les lobules sont séparés par des lignes blanchâtres, formant à chacun une enveloppe conjonctive, qui n'est que le prolongement de la capsule de Glisson. Entre les lobules sont des espaces triangulaires, appelés *espaces-portes*, où se trouvent les ramifications de la veine porte, de l'artère hépatique, et des canaux biliaires.

Autour de chaque lobule, se trouve un double réseau de vaisseaux sanguins, formé par les ramifications de la veine porte et de l'artère hépatique. Ces vaisseaux envoient des capillaires à l'intérieur du lobule, qui gagnent en rayons de roue le centre du lobule, et se jettent dans la veine sus-hépatique centro-lobulaire, qui se réunit à la veine centro-lobulaire des autres lobules pour former la veine sus-hépatique. Entre les capillaires sanguins, sont situées les cellules hépatiques, disposées en travées irrégulières et rayonnantes, contiguës, par deux de leurs faces, aux capillaires sanguins. Au milieu des autres faces, les cellules sont en rapport avec les canalicules biliaires. La disposition de ces canaux biliaires permet de considérer le foie comme une glande biliaire, dont les conduits excréteurs sont précisément les canalicules biliaires.

La double orientation du foie, autour des vaisseaux sanguins et des canalicules biliaires, permet de considérer tour à tour cet organe comme une glande acineuse à excrétion intestinale, et comme une glande vasculaire sanguine, à sécrétion interne. Les fonctions multiples du foie confirment cette double conception :

Au début, le foie était considéré uniquement comme une glande biliaire à sécrétion intestinale; mais depuis 1850, après les travaux de Cl. Bernard sur la fonction glycogénique du foie, on le considère de plus en plus comme une glande à sécrétion interne; on a remarqué successivement que le foie des Vertébrés avait une fonction antitoxique, une fonction martiale, une fonction adipogénique, etc.

La *fonction glycogénique* est la plus importante et la mieux connue : le foie emmagasine le sucre sous forme de glycogène et le restitue au sang, sous forme de sucre, au fur et à mesure des besoins de l'organisme; le foie joue donc un premier rôle *glycopexique*. Il joue d'autre part, très vraisemblablement, un rôle *glycogénique*, car il semble que le foie forme du sucre aux dépens des albuminoïdes : un animal carnivore, nourri d'albuminoïdes exempts d'hydrates de carbone, n'en forme pas moins une grande quantité de sucre dans son foie. Cliniquement, dans certains cas de diabètes, on observe la formation d'une grande quantité de sucre, quoique les hydrocarbonés aient été proscrits de l'alimentation.

La *fonction antitoxique du foie* s'exerce aussi par rétention ou transformation : le foie retient un grand nombre de substances toxiques : injectées par la veine porte, elles sont moins toxiques que par les veines périphériques (sels de cuivre, de zinc, atropine, glycérine, etc.); le foie transforme aussi d'autres substances toxiques en substances inoffensives : par exemple, les sels d'ammoniaque très toxiques sont transformés en urée au niveau du foie.

La *fonction uropoiétique* exprime en effet une fonction antitoxique du foie, dont l'activité est proportionnelle à celle du foie.

La *fonction martiale* montre également le rôle régulateur du foie; elle est principalement développée chez les Mammifères, peu après la naissance, pendant la lactation (BUNGE); on la met en évidence au cours de la médication martiale ou dans certains cas pathologiques (diabète bronzé).

La *fonction adipo-hépatique*, comme la fonction glycogénique, paraît s'exercer par un double mécanisme : le foie fixe la graisse de l'alimentation et la met en réserve, comme il met en réserve tant de substances alimentaires ou toxiques, c'est à proprement parler, une fonction *adipo-pexique*.

Le foie paraît d'autre part, transformer en graisse qu'il retient, certaines autres substances, certains albuminoïdes, par exemple, ou certaines nucléines — c'est donc également une fonction *adipo-génique*.

La fonction adipo-hépatique, que nous avons vue très considérable chez les Invertébrés, est plus difficile à suivre chez les Vertébrés.

Chez les *animaux à sang froid*, les poissons par exemple, elle est souvent très considérable; les cellules hépatiques contiennent alors, à certains moments, une telle quantité de corpuscules graisseux, que l'organe en acquiert une couleur gris blanchâtre, et qu'il ressemble plutôt à une masse de graisse qu'à une glande biliaire.

Chez les *animaux à sang chaud*, par contre, la fonction adipo-hépatique est relativement peu développée et ne se manifeste qu'à certaines périodes de la vie, ou dans les cas pathologiques :

Pendant la *vie fœtale*, on rencontre habituellement, dans les cellules du foie, une grande quantité de très fines granulations graisseuses, qui restent dans la partie supérieure de la cellule et qui ne se réunissent pas en grosses masses, comme c'est la règle dans les périodes plus tardives de la vie. WEBER a remarqué que, chez le petit poulet, de seize à dix-neuf jours d'incubation, le jaune est résorbé par les vaisseaux sanguins et qu'il est conduit dans le foie. L'organe serait alors rempli de nombreux corpuscules graisseux et prendrait une couleur jaune. Aussitôt après l'éclosion du jeune poulet, la richesse en graisse des cellules du foie diminue, et l'organe prend une couleur ordinaire. LEREBOULLET (43) ayant constaté, chez un embryon humain et chez un fœtus de Lapin, une grande quantité de granulations graisseuses dans les cellules hépatiques, considère cet état comme une particularité de la période fœtale; mais FRERICHS ayant examiné un grand nombre de foies de fœtus d'hommes et d'animaux, a constaté parfois, mais pas toujours, de nombreuses granulations fines dans les cellules. Il semble donc que la graisse apparaît et manque suivant les époques du développement.

Pendant la *gestation*, le foie est très chargé de graisse; pendant la période d'*allaitement*, la graisse du foie est abondante et massée autour des veines sus-hépatiques (RANVIER, DE SINETY [68]). Ultérieurement, la graisse du foie redevient peu apparente.

L'alimentation est, d'autre part, une cause importante de surcharge adipeuse; déjà les Romains engraissaient des oies, pour obtenir un foie riche en graisse. Dans ses leçons sur la nutrition, MAGENDIE fait remarquer que, lorsqu'on nourrit des chiens avec du beurre, le foie est très riche en graisse, pendant que la peau prend un aspect huileux, et que des acides gras fluides s'écoulent des follicules sébacés. BIDDER et SCHMITT, LAUE, FRERICHS, GILBERT et CARNOT ont publié de semblables recherches.

Ces faits prouvent que le foie des Vertébrés retient les graisses tout comme il retient le sucre, le fer, les toxines, etc. On peut donc lui attribuer une fonction adipo-hépatique, comme on lui attribue une fonction glycogénique, une fonction martiale, etc.

Nous allons étudier analytiquement cette fonction chez les différentes classes des Vertébrés, et nous verrons que, dans toutes, la fonction adipo-hépatique peut être décelée, tout au moins à un moment donné de la vie physiologique.

Procordés. — Chez *l'Amphioxus*, le foie reste à l'état embryonnaire; il est constitué par un diverticule, en forme de sac, de l'intestin entodermique; l'épithélium, qui revêt ce sac, est formé de longues et étroites cellules cylindriques, à cils vibratiles. L'assimilation avec le foie est établie par la coloration verte des parois et par la présence de *fines granulations graisseuses dans ces cellules.*

POISSONS

Il y a, chez les Poissons, un certain rapport entre la forme du foie et celle du corps; ainsi, il est très allongé chez les espèces dont le corps est grêle comme l'Anguille, tandis qu'il est large chez la Raie. Tantôt le foie ne constitue qu'une seule masse, comme chez le

Saumon, le Brochet, le Goujon, l'Anguille, la Lamproie ; tantôt, au contraire, il est profondément divisé en deux ou trois lobes. Quelquefois il se fractionne beaucoup plus, comme cela se voit chez la Carpe, où ses différentes portions sont disséminées dans les espaces que les circonvolutions de l'intestin laissent entre elles. Néanmoins, le foie de tous les Poissons dérive génétiquement d'une forme fondamentale bilobée.

Il se développe toujours aux dépens de la partie antérieure de l'intestin moyen, et se transforme en un appareil glandulaire volumineux, rempli de sang, chargé de diverses fonctions : biliaire, glycogénique, martiale, adipogénique, etc.

Nous nous occuperons simplement de la fonction adipogénique.

Cette fonction est très développée, et elle est connue et utilisée depuis fort longtemps; l'emploi de ces huiles comme médicament remonte à la plus haute antiquité.

C'est ainsi qu'Hippocrate recommandait l'huile de foie de morue contre l'hystérie. Les Romains employaient l'huile de *Dauphin* intérieurement contre l'hydropisie et, extérieurement, contre les affections cutanées. Pline préconisait l'huile de phoque en fumigation contre l'hystérie. Les anciens recommandaient aussi l'huile de baleine intérieurement contre la constipation et, extérieurement, contre la teigne.

L'huile de foie de morue, comme l'huile de baleine, est un remède populaire connu depuis un temps immémorial en Angleterre, en Belgique en Hollande. De nos jours, son emploi est répandu dans le monde entier et donne lieu à des échanges économiques considérables.

Nons allons étudier comparativement, en suivant l'ordre de la classification, les différents types de foies que nous avons observés en insistant sur l'importance de la fonction adipo-hépatique.

Cyclostomes. — Chez les jeunes Ammocœtes, le foie est petit et n'est pas encore infiltré de graisse, comme chez les Cyclostomes adultes et chez la plupart des Poissons.

A l'état adulte, le foie de l'*Ammocete branchialis* renferme, d'après Renaut (60), deux sortes de tubes glandulaires : les *cylindres de Remak*, correspondant aux tubes sécréteurs du foie; les autres, *canaux hépatiques*, représentent les tubes excréteurs.

Les canaux hépatiques sont de dimensions variables, et leur constitution est caractéristique : ils ont une mince paroi connective et une lumière large, bordée par un épithélium formé d'un seul rang de cellules cylindriques claires. Certains d'entre eux émettent des diverticules fermés en doigt de gant.

Les sections transversales de chaque cylindre de Remak montrent que celui-ci est formé par la réunion de quatre, ou même six rangées de cellules, limitant une lumière centrale de si petite dimension, qu'elle s'efface quand les réactifs fixateurs ont gonflé les cellules épithéliales. Les cellules glandulaires de Remak diffèrent des cellules canaliculaires; leur noyau occupe la région moyenne de la cellule; il est volumineux, arrondi, vésiculeux et nucléé. Le protoplasma est formé par un réseau de travées, qui donne au corps cellulaire une apparence spongieuse; dans les mailles du réseau, est une substance claire, qui, sous l'influence du sérum iodé, prend la coloration acajou caractéristique du glycogène.

Au-dessus du noyau, entre celui-ci et la lumière, le protoplasma est chargé de granulations graisseuses, que l'acide osmique teint en noir d'ébène. Sur les coupes transversales, on voit ces granulations comprises dans l'épaisseur des travées protoplasmiques, dessinant, tout autour du petit canal central, un cercle d'où partent une série de rayons.

Donc, la cellule hépatique se divise en deux zones : l'une, supranucléaire, dévolue à la sécrétion de la graisse; l'autre, infranucléaire réservée à la sécrétion du glycogène (Renaut).

La fonction adipogénique est très développée chez les *Holocéphales*; lorsqu'on pratique des incisions dans le foie mou de la *Chimæra monstrosa*, la graisse s'amasse de suite au fond de l'entaille, sous la forme liquide.

Plagiostomes. — Chez les Plagiostomes, le foie est volumineux, large et plat, moulé sur la forme du corps.

Acanthias vulgaris. — Nous avons recueilli en septembre, à Roscoff, un échantillon d'Acanthias vulgaris; cette espèce est vivipare et chaque utérus renfermait à cette époque 6 embryons parfaitement développés.

Le foie était blanc, volumineux, et laissait écouler à la coupe un liquide opalescent.

Sur une préparation histologique on remarque que toutes les

cellules hépatiques sont bourrées de grosses granulations graisseuses, qui souvent se réunissent en une masse qui remplit toute la cellule (fig. 15); les noyaux se colorent fortement par la safranine, ce qui indique bien que l'on assiste à une suractivité vitale de l'organe probablement en rapport avec le développement des embryons.

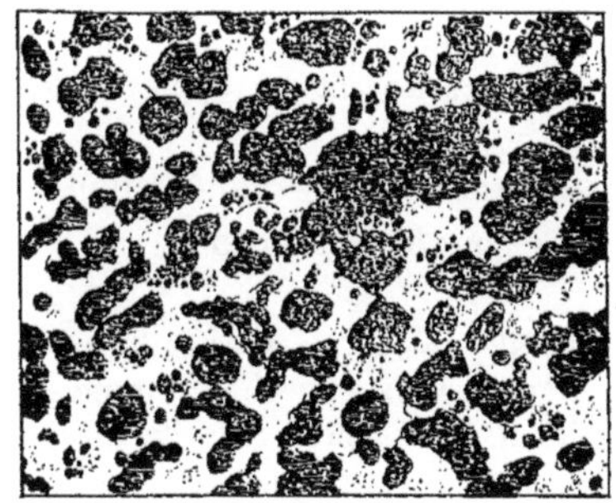

Fig. 15. — Foie d'*Acanthias vulgaris* recueilli en septembre : l'animal portait 12 embryons; le foie est extrêmement riche en graisse.

Raja clavata. — Chez les Raies le foie est divisé en trois lobes bien distincts, qui se divisent eux-mêmes en nombreux lobules.

La charpente du tissu conjonctif se manifeste très nettement : on voit même, à l'œil nu, les contours des lobules. Chaque lobule est de forme polygonale, la veine en occupe le centre, et la bordure extérieure, plus foncée, se compose d'une charpente conjonctive qui porte les vaisseaux; les conduits réticulaires de la substance conjonctive sont occupés par des cellules de sécrétion.

Fig. 16. — Foie de *Raja clavata* recueilli en septembre : extrêmement riche en graisse; ovaires murs.

D'après Leydig (44), qui en donne un dessin démonstratif, les cellules hépatiques de la Raie sont pleines de granulations graisseuses. Ces cellules se desquament facilement et, d'après ce que nous avons pu voir, il est nécessaire d'avoir des pièces excessivement fraiches pour observer la constitution des cellules, et l'organisation graisseuse. Il semble néanmoins, malgré cette cause d'erreur, que dans nos échantillons examinés au mois de février, la glande soit relativement moins riche en graisse.

D'autre part, nous avons pu examiner un échantillon de *Raja clavata* au mois de septembre; l'ovaire était alors complètement mûr et les œufs prêts à être pondus; le foie était volumineux, avec un aspect graisseux très marqué. Sur une coupe histologique, les cellules hépatiques ne sont plus visibles, elles sont masquées par une accumulation de graisse considérable; les granulations se sont soudées entre elles, et le foie ressemble à un véritable réservoir adipeux (fig. 16). De même que pour l'Acanthias vulgaris, ces réserves considérables de graisses dans le foie nous paraissent en rapport avec le développement embryogénique.

Céléostéens. — La fonction adipo-hépatique est très développée chez les Physostomes.

Anguilla vulgaris. — L'Anguille présente un foie notablement surchargé de graisse. Nous en avons examiné plusieurs échantillons aux mois de février et de septembre : ils étaient comparables entre eux.

Les tubules hépatiques sont formés par la réunion de 4 à 6 cellules coniques à base convexe; au centre, se trouve un canal glandulaire, presque capillaire. A la périphérie, les boyaux cellulaires sont entourés par de gros capillaires sanguins, avec des cellules endothéliales très développées.

Le noyau des cellules hépatiques est rond, volumineux, et présente, au centre, un gros nucléole, qui se colore fortement par la safranine; le protoplasma de ces cellules est granuleux et présente deux zones bien distinctes : l'une, infra-nucléaire, est remplie de granulations très fines, colorables en gris clair par l'acide osmique; l'autre zone, supra-nucléaire, renferme des granulations graisseuses fines et abondantes, en sorte que la région surchargée de graisse se trouve contiguë au capillaire sanguin.

La graisse est répartie à peu près régulièrement dans toutes les cellules hépatiques; elle se présente en granulations de moyenne grosseur, bien distinctes les unes des autres, et placées dans la partie supérieure de la cellule; la partie voisine du canalicule biliaire en est, au contraire, privée; les cellules endothéliales sanguines, très nettes, sont complètement dépourvues de graisse; on n'en trouve pas non plus dans les capillaires sanguins.

Salmo salvelinus. — Le foie de Saumon, examiné au mois de mars, présente des cellules hépatiques gorgées de grosses granulations graisseuses; souvent même ces granulations se réunissent entre elles et forment une grosse masse de graisse, qui rejette le noyau et le protoplasma à la périphérie de la cellule.

Tinca vulgaris. — Nous avons examiné plusieurs foies de Tanches, à différentes époques de l'année, aux mois de février, mars, avril, mai et juin. Tous nos échantillons nous ont présenté des granulations graisseuses, mais en quantité minime, et presque comparable chez les différents individus, et aux différentes époques de l'année.

La graisse se présente généralement en granulations très fines, disséminées irrégulièrement dans la cellule; la plupart des cellules en sont dépourvues. On peut donc dire que le foie de la Tanche est peu riche en réserves graisseuses; d'autre part, nous avons constaté qu'il y a, après la mort, production de graisse cadavérique dans le foie; celle-ci apparaît dès le quatrième jour et se présente en très grosses granulations, qui se colorent en noir par l'acide osmique. Ces granulations augmentent de plus en plus et deviennent très abondantes vers le septième jour. Nous aurons l'occasion de revenir sur ces faits dans la deuxième partie.

Nous n'avons trouvé aucune trace de granulations graisseuses dans le foie de la Truite (*Trutta lacustris*), examiné au mois de mars, ni dans celui du Goujon (*Gobio fluviatilis*) examiné au mois de février.

Cyprinus Carpio. — Nous avons pu examiner, mois par mois, pendant toute une année, la glande hépatique chez la Carpe. De ces recherches, il découle que la fonction adipo-hépatique est très développée, mais qu'elle est sujette à des variations saisonnières très nettes.

Au mois de *décembre*, l'individu examiné présente une glande hépatique complètement dépourvue de granulations graisseuses.

Au mois de *février*, la graisse commence à apparaître, mais le foie en est relativement peu riche; les granulations noires sont de moyenne grosseur, distinctes les unes des autres; certaines cellules n'en contiennent pas, d'autres en contiennent, mais d'une façon modérée.

Au mois de *mars*, la glande est déjà plus riche en graisse; les granulations sont plus grosses, plus abondantes, mais toutes les cellules n'en renferment pas encore.

Au mois d'*avril*, le foie paraît contenir beaucoup plus de réserves graisseuses qu'aux autres époques de l'année; les granulations sont de taille très inégale; les unes très petites, les autres grosses, provenant de la coalescence de plusieurs petites; toutes les cellules hépatiques en sont chargées, la glande est à ce moment très riche en graisse.

Aux mois de *mai* et de *juin*, les réserves hépatiques sont encore très abondantes, mais cependant elles le sont moins qu'au mois d'avril, et elles tendent à disparaître.

En résumé : la glande hépatique de la Carpe présente une surcharge graisseuse à une certaine période de l'année; elle commence vers le mois de juin, devient de plus en plus abondante jusqu'au mois d'avril, pour régresser ensuite, et devenir tout à fait nulle au mois de décembre.

Or, nous remarquerons qu'ici la fonction adipo-hépatique paraît être en rapport avec la fonction génitale; en effet, le foie accumulerait les réserves graisseuses pendant les mois de février à avril, pour les transmettre aux œufs lors de la ponte, qui a lieu ici de mai à juin.

D'autre part, nous avons examiné, au mois d'avril, le foie de jeunes carpes longues de 6 à 8 centimètres, c'est-à-dire trop jeunes pour reproduire, et nous n'avons trouvé aucune trace de graisse dans le foie de ces individus, alors qu'à cette même époque nous en trouvons une très grande quantité chez les individus adultes.

ANACANTHINES. — La fonction adipo-hépatique est excessivement développée, surtout chez les Morues.

Gadus Morrhua. — Le foie des Morues est composé de trois lobes inégaux, dont le volume et l'aspect varient suivant la saison.

En *décembre* et *janvier*, les foies sont petits, durs, maigres et colorés; en *février* et *mars*, ils sont déjà plus gros, mais encore rougeâtres, et ne contiennent que peu d'huile. Ce n'est qu'aux mois d'*avril* et de *mai* que l'huile apparaît en notable quantité; c'est du mois d'*août* au mois de *novembre* que le volume du foie est le plus gros, et le rendement en huile plus abondant.

Sur les lieux de pêche, au début de la saison, le plus grand nombre des foies semble malade; beaucoup sont tachetés de points verdâtres, d'autant plus nombreux et foncés que la maladie est plus avancée; cette altération peut même envahir le foie tout entier. D'autres ont une forme allongée, une teinte grisâtre, une texture fibreuse; l'huile que présentent de tels foies est peu abondante, colorée et fétide; de plus, à cette époque, les foies contiennent presque tous un ou deux vers, qui atteignent jusqu'à 2 centimètres de long. Au milieu de la saison, les foies malades sont rares; vers la fin de la saison, ils sont moins beaux et présentent, à leur surface, de petits vers enkystés qui sont logés dans une dépression de l'organe (ROUSSEL) (62).

Nos échantillons ont été recueillis à Wimereux, au mois d'août, c'est-à-dire au moment où les foies sont très riches en graisse; ils sont, en effet, de couleur claire, presque crémeux.

Le foie est composé de trois lobes inégaux; deux sont courts et épais, le troisième, plus mince, est 7 ou 8 fois plus long que les autres.

Ces lobes sont divisés en un grand nombre de lobules, dont chacun présente, sur une coupe, la forme d'un cercle ayant pour centre la veine sus-hépatique, et, pour circonférence, une ligne réunissant les espaces porto-biliaires de Kiernan, et enfin, pour rayons, les capillaires porto-sus-hépatiques.

Entre les capillaires sanguins, sont logées les cellules hépatiques, qui sont polyédriques, formées d'un noyau et d'une masse de protoplasma réticulé, contenant des granulations de différents ordres (pigments biliaires, glycogène, graisse).

La *graisse* est presque uniformément répandue dans toutes les cellules; elle se présente en petites gouttelettes qui se réunissent souvent pour en former de grosses remplissant en grande partie la cellule. On trouve cette graisse en quantité appréciable dans les canaux biliaires, et très rarement dans les vaisseaux sanguins.

Il ne s'agit pas ici d'un foie pathologiquement gras, mais d'un foie surchargé de réserves adipeuses; en effet, le réseau protoplasmique n'est pas déformé par la présence de l'huile, le noyau reste visible et bien colorable par les réactifs, ce qui rend l'aspect de ce foie tout à fait différent d'un foie gras pathologique.

L'*Ammodytes tobianus* que nous avons recueilli à Wimereux présente, au mois de septembre, un foie rempli de granulations graisseuses; ces granulations sont tellement abondantes qu'elles masquent complètement les détails de structure de la glande. Par places, l'acide osmique n'a pas pénétré jusqu'au centre de la pièce, la graisse a disparu pendant les manipulations histologiques, et l'on peut voir les cellules hépatiques, de forme hexagonale, remplies de petites vacuoles de graisse évacuée; au centre se trouve le noyau, qui se colore nettement par les réactifs, ce qui indique le bon état vital de la cellule, et montre que nous sommes en présence de réserves graisseuses accumulées dans cet organe pour des besoins ultérieurs, et non d'une dégénérescence pathologique.

Merlangus vulgaris. — Nous avons examiné plusieurs échantillons de Merlangus vulgaris, et nous avons remarqué qu'au mois de *mars*, les cellules hépatiques renfermaient quelques rares granulations graisseuses très fines et très disséminées, la plupart des cellules n'en contiennent pas du tout.

Au mois d'*avril*, la graisse est beaucoup plus abondante dans le foie, presque toutes les cellules renferment des granulations graisseuses, de grosseurs différentes, tantôt très petites, à peine visibles, tantôt grosses comme le noyau.

Au mois de *septembre* le foie du Merlangus vulgaris est complètement dépourvu de granulations graisseuses.

Chez les Acanthoptères, nous avons examiné 6 échantillons de *Labrus mixtus*, dont 3 ont été recueillis à Roscoff, et 3 à Wimereux, au mois de septembre; tous renfermaient des granulations graisseuses en petite quantité, et avec des différences individuelles peu sensibles. Parmi les échantillons recueillis à Wimereux, l'un est très pauvre en graisse; quelques cellules renferment une ou deux granulations graisseuses, mais la plupart n'en renferment pas; l'autre échantillon possède un peu plus de granulations, plus grosses, sans être toutefois très nombreuses; le troisième est à peu près comparable au premier.

Les autres échantillons recueillis à Roscoff sont également pauvres en réserves graisseuses; un, cependant, présente, autour des vaisseaux, des cellules très chargées de granulations graisseuses.

A la même époque, nous n'avons pas trouvé de graisse dans le foie du *Blennius folius*; par contre, celui du *Gobius minutus* présente un foie tellement gras, que la cellule est entièrement remplie par une grosse masse, qui se colore en noir intense par l'acide osmique : tout détail de structure cellulaire est masqué par cette surcharge graisseuse. De même, le *Cottus bubialis* a le foie excessivement gras; mais ici la graisse ne se présente pas en grosse masse, comme c'est le cas chez le Gobius minutus, mais en fines granulations très régulièrement réparties dans toutes les cellules.

En résumé, nous voyons que, chez les Poissons, la fonction adipo-hépatique est excessivement développée et existe à peu près à toutes les périodes de l'année; il y a, néanmoins, de grandes variations saisonnières. Ce développement est tel qu'il a donné lieu à des industries florissantes, et qu'on utilise la fonction adipo-hépatique sur une échelle telle, que l'on vend chaque année des millions de litres d'huile de foie de morue, sans compter les huiles de foie de raie, de phoque, etc.

Cette fonction, si importante, est peut-être en relation (nous le verrons dans la deuxième partie de ce travail) avec le genre de vie de l'animal, sa nourriture, sa température basse, ou la nécessité de protéger les tissus de l'animal contre l'eau ambiante.

Nous aurons à discuter chacune de ces hypothèses; d'ores et déjà, nous pouvons dire que la variation saisonnière de la fonction adipo-hépatique existe, et semble, tout en étant souvent masquée par la surabondance de graisse, en rapport avec la fonction génitale.

AMPHIBIENS

Le foie est une grosse masse brunâtre, multilobée, placée en avant de l'intestin, en arrière du cœur, et recouvrant l'estomac, le duodénum, les poumons, etc.

Le foie des Amphibiens est généralement divisé en 4 lobes : 2 latéraux et 2 médians; les premiers recouvrant tout ou en partie les autres; les deux lobes latéraux sont les plus grands, leur face ventrale est convexe, et leurs bords antérieurs arrondis forment entre eux un angle dans lequel vient se loger la pointe du cœur; celui de gauche présente, sur son bord interne, une incision plus ou moins profonde, qui tend à le diviser en 2 lobules.

Par leur portion postérieure, les lobes latéraux recouvrent une grande fraction du lobe médian ventral, lequel recouvre à son tour la région postérieure de l'estomac, et la courbure du duodénum dans laquelle est compris le pancréas. Le quatrième lobe hépatique, plus petit, plus ramassé sur lui-même que les précédents, est situé à la face dorsale de l'intestin grêle; il lui est attaché par son bord postérieur, au moyen d'un ligament hépato-duodénal. Les 4 lobes sont réunis les uns aux autres par une bandelette étroite de tissu hépatique.

Leur produit de sécrétion, la bile, de couleur verdâtre, est expulsée par un double système de canalicules très fins, et tellement empâtés dans la substance du foie et celle du pancréas, qu'il est fort difficile de les mettre en évidence.

Ces canalicules confluent vers un canal collecteur, le canal cholédoque, qui communique avec la vésicule biliaire, immédiatement reconnaissable à sa couleur vert foncé et à sa forme globulaire.

Chez la *Salamandra maculosa* le foie est formé de tubes très fins, qui s'anastomosent les uns avec les autres, et dont tous les canaux excréteurs convergent vers un canal collecteur commun, qui déverse son contenu dans l'intestin.

Sur une coupe transversale, on constate que chaque tube hépatique est formé par la réunion de trois à cinq grosses cellules, triangulaires, à base convexe; le canal central est très étroit, presque capillaire et envoie de fins prolongements entre les cellules.

Les cellules hépatiques sont entourées d'une fine membrane cellulaire; le protoplasma forme des fibres longitudinales, c'est-à-dire dirigées de la base renflée vers le capillaire central; dans le voisinage de ce dernier, les fibres sont plus ou moins régulières, elles s'écartent et forment des vacuoles, les espaces intercellulaires ne sont pas nettement visibles.

Le noyau, rond et volumineux, est contigu à une paroi latérale et présente un nucléole disséminé en grains plus ou moins fins, dans une trame épaisse ; le véritable nucléole manque complètement.

Les cellules hépatiques renferment deux sortes de granulations : les unes petites, de grosseur uniforme, sont contiguës à la trame et s'y présentent en plus grande abondance dans le voisinage du capillaire central; on les désigne sous le nom de granulations hépatiques; elles ne font jamais défaut, mais parfois elles sont à peine visibles et sont placées régulièrement près des fibres protoplasmiques, si près, que les fibres semblent formées de granulations; elles se colorent nettement avec la fuschine et l'hématoxyline. On ne sait rien sur leur importance physiologique; ce sont probablement des granulations biliaires; on les trouve en relation avec les canaux biliaires et jamais dans le canal hépatique (Schneider). Les autres granulations sont formées de graisses; elles manquent souvent, mais dans certaines circonstances elles peuvent être très abondantes (Altmann).

Nous avons examiné plusieurs échantillons de glandes hépatiques de *Salamandra maculosa*; nous avons pu constater que, chez cette espèce, la fonction adipo-hépatique est très développée, mais qu'elle varie énormement suivant les individus.

Chez certains, le foie est complètement dépourvu de graisse; chez d'autres, au contraire, il en est très riche.

Les granulations graisseuses se présentent en fines gouttelettes extrêmement nombreuses, et réparties à peu près régulièrement dans toute la cellule hépatique; certains foies sont encore plus riches en graisse, les granulations sont beaucoup plus grosses, certaines même remplissent toute la cellule et rejettent le noyau et le protoplasma à la périphérie. Il est assez difficile de voir, ici, si la fonction adipo-hépatique est en rapport direct avec la fonction génitale; la femelle est vivipare et porte, près d'un an, de 30 à 50 petits têtards, qui éclosent dans l'eau et ont environ 3 centimètres de long.

Il est intéressant de remarquer qu'un traumatisme quelconque excite la fonction adipo-hépatique. M. P. Carnot a constaté que lorsqu'on sectionne un foie de Salamandre, cet organe se régénère et présente, tout autour de la surface de section, des cellules hépatiques très riches en graisse, dès la soixantième heure après l'opération, qui augmentent encore et deviennent très considérables au bout de 100 heures.

Chez le *Triton*, le foie présente une grande quantité de granulations graisseuses aux mois de juin et juillet; par contre, il en est très pauvre en octobre.

Le foie des jeunes Grenouilles ou Têtards est formé de cellules embryonnaires, renfermant des granulations graisseuses, en plus ou moins grande quantité suivant les individus examinés; certains même ont une glande hépatique complètement dépourvue de graisse; chez d'autres, on trouve, de place en place, une cellule hépatique contenant à son intérieur une ou deux granulations colorables en noir intense par l'acide osmique; chez d'autres individus enfin, ces granulations sont plus abondantes, mais en général, le foie des Têtards est pauvre en réserves graisseuses.

La fonction adipo-hépatique existe néanmoins et peut être mise en évidence par une hyperfonction artificielle de la glande. Par exemple, si on injecte trois gouttes d'une solution de nitrate de pilocarpine au 1/10e dans la cavité péritonéale, on voit les cellules hépatiques se bourrer de petites granulations, qui se colorent en noir par l'acide osmique, et qui sont, à n'en pas douter, des granules adipeux.

Chez l'adulte, c'est-à-dire chez la *Grenouille*, les cellules hépatiques ne renferment pas de graisse décelable par l'acide osmique, pendant une grande partie de l'année; elle apparaît en très petite quantité au mois de *janvier*, avec cette particularité qu'elle ne se trouve pas dans les cellules hépatiques, mais dans les vaisseaux; un peu plus tard, vers le mois de *février*, c'est-à-dire un peu avant le développement de l'ovaire, on constate que les cellules hépatiques sont toujours dépourvues de graisse, et que celle-ci est très abondante dans les vaisseaux et se présente en grosses granulations au milieu des globules sanguins. Au mois de *mars*, alors que l'ovaire est en plein développement et que la ponte est proche, l'aspect de la glande change; le foie est plus volumineux, de teinte plus pâle. Sur une coupe, on constate que la graisse se trouve encore dans les vaisseaux, mais en quantité beaucoup plus considérable et en granulations beaucoup plus grosses qu'au mois de février; de plus, les cellules hépatiques renferment des granulations graisseuses, qui occupent parfois une grande partie de la cellule et rejettent le noyau et le protoplasma à la périphérie. Néanmoins, le noyau se colore fortement en rouge par la safranine, ce qui indique son bon état vital.

Nous voyons donc que chez la Grenouille, comme d'ailleurs chez la

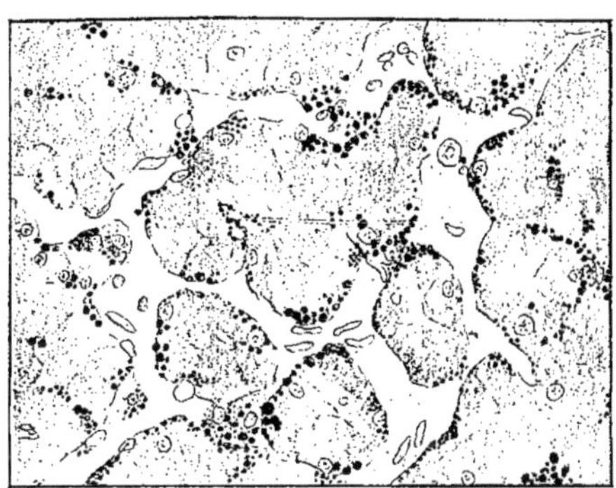

Fig. 17. — *Bufo vulgaris* en état de suralimentation. La graisse se trouve répartie en grande quantité dans les cellules endothéliales, on en trouve même à l'intérieur des vaisseaux.

plupart des espèces que nous avons examinées, la fonction adipo-hépatique semble parallèle à la fonction génitale.

Au mois d'août. nous avons examiné un échantillon de Crapaud (*Bufo vulgaris*) en état de suralimentation; la graisse était abondante dans le foie, et spécialement localisée dans les cellules endothéliales (fig. 17).

REPTILES

Le foie est très volumineux; il occupe presque toute la moitié antérieure de la cavité abdominale et a, dans son ensemble, la forme d'un demi-cône épais, dont la pointe antérieure s'engage entre les poumons et touche le péricarde.

La face ventrale est bombée, moulée sur la paroi ventrale; la face dorsale, creusée pour embrasser l'estomac, est marquée d'un profond sillon, dans lequel s'engagent les plis mésentériques venant de l'estomac.

Les bords du foie sont découpés en lobes et lobules arrondis, dont la forme semble varier beaucoup suivant l'état de nutrition.

Au milieu du bord postérieur du foie, se trouve une forte incision dans laquelle sont logés ventralement la vésicule biliaire, et, dorsalement, le pancréas. De cette encoignure, part encore un fort ligament mésentérique, qui se porte sur la ligne médiane du ventre, conduisant les vaisseaux.

Chez les deux sexes, se trouve un lobule droit, appliqué au flanc, et duquel part, *chez la femelle*, une bride mésentérique qui relie l'ovaire droit à ce lobule.

La vésicule biliaire pyriforme est logée dans l'encoignure médiane, dont part l'attache mentionnée. Les canaux biliaires venant du foie débouchent au col de la vésicule, qui envoie un canal cystique horizontal en arrière. Quelques canaux hépatiques indépendants courent parallèlement avec le conduit vers l'anse de l'estomac.

Nous avons examiné un échantillon de Couleuvre (*Coluber Æsculapii*) au mois d'août. Le foie était relativement peu riche en graisse ; les cellules hépatiques présentaient, de place en place, quelques rares granulations graisseuses; la graisse était surtout localisée dans les cellules conjonctives périlobulaires et se présentait en grosses granulations qui occupaient souvent la plus grande partie de la cellule.

Nous avons observé ce même fait sur un Serpent examiné à la même époque; les réserves graisseuses du foie sont peu abondantes et se trouvent principalement à l'intérieur des cellules conjonctives.

Chez une Couleuvre recueillie en août et présentant 17 œufs dans l'abdomen, la glande hépatique était assez riche en graisse.

Nous avons examiné plusieurs foies de Lézard aux mois d'août et de septembre; aucun de nos échantillons n'a présenté de graisse en quantité sensible; les granulations sont petites, très rares et très distantes les unes des autres; les réserves graisseuses sont, pour ainsi dire, nulles à cette époque.

Chez la Tortue (*Testudo græca*), les cellules hépatiques renferment, au mois d'avril, quelques rares granulations graisseuses; celles-ci sont plus abondantes dans les cellules conjonctives qui entourent les lobules.

Un autre échantillon, examiné au mois d'octobre, présente des granulations graisseuses en quantité plus appréciable, néanmoins la glande hépatique est encore très pauvre en réserves adipeuses.

En résumé, nous voyons que, chez les Reptiles, la fonction adipo-hépatique paraît peu développée, que les granulations graisseuses sont fines et peu abondantes dans les cellules hépatiques et que, chez la Couleuvre, comme du reste chez le Serpent et chez la

Tortue, la graisse est surtout localisée dans les cellules conjonctives périlobulaires.

OISEAUX

Le foie des Oiseaux se rapproche beaucoup par sa situation, sa forme et sa structure, de la glande hépatique des autres Vertébrés. Il forme généralement, au-devant du ventricule succenturié, une grosse masse de couleur brun rougeâtre, composée de deux lobes volumineux, qui contournent les flancs du corps et arrivent sur la face ventrale, en enveloppant la pointe du cœur.

Le lobe gauche est le plus volumineux et recouvre en partie le lobe droit plus petit. A la face dorsale, les lobes sont beaucoup plus épais et entourent une partie du ventricule succenturié, en se soudant l'un à l'autre. Il y a d'ailleurs une grande irrégularité de forme dans les lobes du foie, et très fréquemment cet organe présente plusieurs lobules secondaires. L'intestin est, en partie, logé à l'intérieur du foie, dans ses replis longitudinaux; la moitié antérieure du gésier musculaire est incluse dans le lobe gauche.

La vésicule biliaire fait défaut chez la plupart des Pigeons et des Perroquets; la bile est versée dans le duodénum par deux canaux, dont l'un, plus gros, vient déboucher à l'extrémité proximale du duodénum, et dont l'autre, plus fin et plus long, suit le bord interne de l'anse remontante du duodénum, et s'ouvre alors dans ce dernier, auprès des canaux postérieurs du pancréas.

Chez les Rapaces, et les Nageurs, au contraire (qui se nourrissent de chair) il y a une vésicule biliaire volumineuse. La bile est alors généralement évacuée du foie par deux canaux : l'un, canal hépato-entérique, provient du lobe gauche et débouche directement au milieu de l'anneau duodénal; l'autre canal provient du lobe droit et se rend à la vésicule biliaire : c'est le canal hépato-cystique. Un autre conduit, canal cystico-entérique, relie la vésicule biliaire à l'intestin.

Chez les Oiseaux, le tissu conjonctif du foie est faiblement développé; la subdivision en lobules y est à peine visible.

Les cellules hépatiques sont entourées d'une membrane très délicate, et sont, dans certaines périodes de la vie, remplies de gouttelettes de graisse, soit d'une façon constante, soit passagèrement; le foie ressemble à une masse de suif, de couleur blanc grisâtre.

Les fonctions générales du foie des Oiseaux sont celles des autres

Vertébrés supérieurs; la fonction glycogénique est très développée; d'après Claude Bernard, on trouve du glycogène dans le foie des petits poulets, vers les cinq ou six derniers jours de l'incubation, bien qu'il en persiste encore dans le sac vitellin.

La fonction uropoiétique ne présente pas, par contre, la même signification que chez les animaux supérieurs : on sait que l'acide urique tient lieu d'urée chez les Oiseaux, et ce fait s'explique, d'après les recherches de MM. Richet et Chassevant (61), par l'absence dans le foie des Oiseaux et dans le foie des Canards, en particulier, d'un ferment uropoiëtique.

Au point de vue de la fonction adipogénique, il y a d'assez grandes différences suivant les animaux examinés, leur genre de vie et le régime alimentaire auquel ils sont soumis. On sait, en effet, à quelle quantité excessive de graisse peuvent être amenés les foies de certains oiseaux engraissés d'une façon particulière, pour la fabrication des foies gras. Nous reviendrons d'ailleurs plus en détail dans une autre partie de ce travail sur les conditions de cette industrie.

Nous remarquerons simplement ici que la fonction adipogénique existe chez les Oiseaux, mais qu'elle est sujette à de grandes variations : tantôt les cellules ont simplement un contenu finement granuleux, tantôt ce contenu est parsemé de globules de graisse dont la masse prédomine.

Les Palmipèdes, qui doivent vivre et chercher leur nourriture dans l'eau, possèdent un plumage épais, serré, une couche chaude de duvet et une grosse glande uropygienne, qui leur sert à huiler leurs plumes; ils ont, en outre, une certaine quantité de graisse dans les téguments, qui a pour but de rendre ceux-ci imperméables à l'eau. On peut se demander si le foie ne serait pas le réservoir naturel de ces graisses : on constate, en effet, que la fonction adipogénique du foie est beaucoup plus développée chez les Palmipèdes aquatiques que chez les oiseaux terrestres; parmi ceux-ci, les Oies, les Canards, qui ont une origine aquatique, ont un foie qui s'adapte plus facilement à un engraissement artificiel que celui des autres Oiseaux.

Certains Oiseaux, qui se nourrissent de poissons à chair imprégnée d'huile, ont généralement une glande hépatique riche en graisse (*Gallinula*, *Vanellus*, *Greba*); d'autres, se nourrissant principalement de graines oléagineuses, ont un foie relativement gras : pour provoquer, chez les Canards et chez les Oies, la formation de foies gras, on les nourrit de préférence avec des graines de maïs. L'alimentation joue donc un rôle important sur la teneur en graisse du foie chez les Oiseaux.

D'autre part, on remarque que certains Oiseaux qui, à l'état normal, ont une glande hépatique dépourvue de graisse, présentent, un peu avant l'ovulation, une grande quantité de granulations graisseuses dans le foie. Les Serins, les Poules, les Canards, les Oies, par exemple, n'ont de graisse dans le foie qu'au moment de la ponte ; de même les Goélands, les Poules d'eau, les Vanneaux, ont une fonction adipogénique du foie plus développée au printemps.

Si l'alimentation joue un rôle important dans la constitution des réserves adipeuses du foie, celle-ci paraît soumise à certaines lois, puisque les Oies ne s'engraissent bien que lorsque les froids commencent à se faire sentir, c'est-à-dire un peu avant la ponte ; vers la fin de décembre commence l'époque de la reproduction, et à ce moment il n'est plus possible d'obtenir de bons foies gras.

La graisse est normalement beaucoup plus abondante chez les tout jeunes oiseaux que chez les adultes. Weber a remarqué que chez le petit poulet, de 16 à 19 jours d'incubation, le foie est rempli de corpuscules graisseux. Aussitôt après l'éclosion du jeune poulet, la richesse en graisse des cellules du foie diminue, et ce n'est que plus tard, sous l'influence de certaines conditions physiologiques, que la fonction adipo-hépatique est de nouveau très active, au moment de la ponte ou d'une alimentation surabondante.

Nous avons examiné un certain nombre de foies d'Oiseaux d'espèces différentes et recueillis dans des conditions variées de saisons, de température, d'alimentation et de vie génitale.

Palmipèdes. — La fonction adipogénique du foie est très développée chez les Palmipèdes ; elle est néanmoins sujette à de grandes variations saisonnières ou individuelles. Tous les échantillons que nous avons examinés ont présenté, à un moment donné tout au moins, une certaine quantité de graisse dans le foie.

La glande hépatique du *Podiceps cristatus* (Grèbe huppée) est relativement peu riche en réserves graisseuses au mois de février. A cette époque, la graisse est surtout localisée dans les cellules endothéliales qui bordent les vaisseaux ; ces cellules sont bourrées de fines granulations graisseuses et se colorent entièrement en noir par l'acide osmique; par contre, les cellules hépatiques sont très pauvres en graisses et renferment quelques rares granulations distinctes les unes des autres.

Nous avons examiné un certain nombre d'échantillons de foies d'oies (*Anser cinereus*) : nous avons pu constater que, normalement, le foie est presque entièrement dépourvu de granulations graisseuses; on sait, au contraire, quel énorme degré de surcharge graisseuse peut acquérir le foie de cet animal par une préparation spéciale.

Sur un de nos échantillons qui présentait des tubercules et des cellules géantes, les granulations graisseuses étaient très abondantes dans toutes les cellules, les noyaux se coloraient mal par la safranine et indiquaient que nous avions affaire à un foie pathologiquement gras, comme on en rencontre chez l'homme tuberculeux.

Dans l'engraissement artificiel des Oies, le foie ne se charge de graisse que lorsque les différents organes du corps, et surtout les viscères abdominaux, en sont pour ainsi dire saturés.

Les cellules des foies d'oies engraissées différeraient (Lereboullet) (43) des cellules pathologiques, en ce que la graisse qui remplit les premières reste sous la forme de gouttelettes distinctes, accumulées dans la cellule, tandis que, dans les cellules pathologiques, la graisse se réunit en gouttes de plus en plus volumineuses, et finit par former le plus souvent une grosse goutte unique qui distend la cellule comme un ballon. Les cellules graisseuses des Oies ressemblent, sous le rapport de la disposition de la graisse dans leur intérieur, aux cellules graisseuses physiologiques du fœtus, ou à celles des animaux inférieurs. Dans cette altération du foie, il ne se forme pas de cellules graisseuses particulières, mais les cellules hépatiques peuvent doubler et tripler de volume par suite de l'accumulation de graisse. Ce développement des cellules explique l'augmentation de volume des foies gras.

D'autre part, V. Balthazard (2) a remarqué, après Dastre et Morat, que les Lécithines étaient alors très abondantes : Un foie gras d'oie pesant 1 160 grammes lui a donné 50 p. 100 d'extrait alcoolo-éthéré, et 9,8 p. 100 de Lécithines. Un autre foie un peu moindre, pesant 850 grammes, contenait 54 p. 100 d'extrait alcoolo-éthéré et 22,9 p. 100 de Lécithines.

Ces valeurs diffèrent notablement; mais, fait remarquer V. Bal-

THAZARD, la dégénérescence graisseuse du foie est un processus pathologique, que l'on étudie à divers stades. Il est probable que l'un des stades est constitué, comme l'admettent MM. DASTRE et MORAT (17), par une dégénérescence lécithique, ou plutôt par une surcharge lécithique du foie; le second stade, par une transformation sur place des Lécithines en graisses. Cette transformation s'accompagnerait d'élimination excessive d'acide glycéro-phosphorique par l'urine (LÉPINE) (42).

Nous avons examiné plusieurs foies de *Canards*; parmi ceux-ci, trois échantillons étaient complètement dépourvus de graisse; un quatrième en présentait d'une façon discrète : sur la coupe histologique on voyait de place en place une cellule hépatique renfermant quelques granulations graisseuses (3 à 6); la plupart des cellules, ainsi que les vaisseaux, n'en contenaient pas. Tout comme les Oies, les Canards sont susceptibles d'engraissement et peuvent donner des foies gras. Sur des coupes de foies gras de Canard, nous avons remarqué que la graisse était en petites gouttelettes dans les cellules, et en abondance telle, qu'il était impossible de distinguer aucun détail de structure cellulaire; le noyau se colorait mal par les réactifs et était souvent masqué par les granulations graisseuses.

Laridœ. — Le Goéland possède, au mois d'avril, une assez grande quantité de réserves adipeuses dans le foie; toutes les cellules hépatiques sont bourrées de très fines granulations graisseuses, qui se colorent en noir intense par l'acide osmique.

Echassiers. — *Charadus pluvialis*. — L'échantillon de Pluvier que nous avons examiné au mois d'avril était très peu riche en graisse. Les cellules hépatiques étaient bourrées de granulations safranophiles, de moyenne grosseur, et renfermaient quelques rares granulations graisseuses; les cellules endothéliales étaient, au contraire, très riches en graisse, ainsi que nous l'avons déjà remarqué chez le Grèbe.

Le *Vanellus cristatus* présente, au mois d'avril, un foie très riche en réserves graisseuses : toutes les cellules hépatiques renferment de la graisse en granulations plus ou moins grosses; souvent plusieurs de ces granulations se soudent entre elles pour former une grosse goutte adipeuse qui rejette le noyau et le protoplasma à la périphérie de la cellule. Les cellules endothéliales, ainsi que les vaisseaux, sont complètement dépourvus de graisse.

Nous avons examiné un échantillon de Poule d'eau (*Gallinula chloropus*) au mois d'avril; le foie est, à cette époque, très gras; toutes les cellules hépatiques renferment une grande quantité de petites granulations, teintes en noir par l'acide osmique; ces granulations se retrouvent dans les vaisseaux, mais en petite quantité.

Gallinacés. — *Gallus* : Nous avons pu examiner, au mois d'avril, le foie d'une poule domestique, une heure après la ponte; nous avons constaté qu'au moment de l'ovulation, le foie est excessivement gras. La graisse est répartie à peu près régulièrement dans toutes les cellules, elle se présente en grosses et en petites granulations; celles-ci sont en nombre tel, que toutes les cellules sont distendues : ce qui détermine une augmentation de volume de tout l'organe.

Passereaux. — L'*Alouette de mer* présente, au mois d'avril, une glande hépatique très pauvre en graisse. Sur la coupe histologique, on trouve, de place en place, une cellule hépatique renfermant quelques granulations graisseuses; la plupart des cellules et les vaisseaux n'en contiennent pas.

Pyrrhula canaria. — Nous avons examiné trois échantillons de Pyrrhula canaria, dont un, prélevé au mois de janvier, présentait un foie sans réserves graisseuses; les deux autres ont été recueillis en avril, c'est-à-dire au moment de l'ovulation. Ces deux foies étaient comparables entre eux; la graisse n'était pas très abondante dans les cellules hépatiques, elle était surtout localisée dans les cellules endothéliales qui bordent les vaisseaux, où elle se présentait en petites gouttelettes très fines et très nombreuses.

En résumé : Le foie des Oiseaux terrestres ne présente pas de graisse à l'état normal, celle-ci apparaît sous l'influence de certaines conditions physiologiques; une alimentation surabondante, par exemple, peut déterminer la formation de foies gras (Oies, Canards).

A l'époque de la reproduction, les cellules hépatiques de ces Oiseaux se chargent de granulations graisseuses, tout comme les cellules hépatiques des Invertébrés et des autres Vertébrés.

Les Oiseaux aquatiques ont une fonction adipogénique du foie plus développée que les Oiseaux terrestres; leur foie est généralement riche en graisse (Pluvier, Vanneau, Poule d'eau, etc.). Cet état du foie est probablement dû à l'état de vie de l'animal, qui a besoin d'une grande quantité de réserves adipeuses lui permettant de lutter contre le milieu ambiant, comme nous l'avons déjà remarqué chez les Poissons.

MAMMIFÈRES

Chez les Mammifères le foie a une forme, une structure et une vascularisation trop connues pour que nous insistions sur ce point.

Il constitue une glande abdominale considérable (pesant environ

1 500 grammes chez l'homme), lobée de différentes manières suivant l'espèce animale : chez l'Homme, des sillons assez superficiels délimitent 4 lobes; chez le Lapin, le Cobaye, le foie possède des lobes beaucoup plus nombreux, et mieux individualisés.

La vascularisation de l'organe se fait, grâce à une artère vigoureuse, l'artère hépatique, qui apporte au foie du sang frais : mais de plus, le foie se trouve placé sur le trajet de la veine porte qui lui amène le sang du tube digestif, du pancréas et de la rate, et le rattache fonctionnellement à ces organes. Ces veines constituent au niveau du foie un deuxième réseau capillaire, au niveau duquel la vitesse et la pression sanguine sont très diminuées pour favoriser les échanges. Ces capillaires partent des espaces portes et convergent vers le centre du lobule sanguin, la veinule sus-hépatique, comme les rayons d'une roue. Les veinules sus-hépatiques confluent les unes dans les autres, et constituent un système veineux efférent, véritable voie de la sécrétion interne.

La sécrétion externe ou intestinale est au contraire représentée par les canalicules biliaires, qui, constitués tout d'abord par deux cellules hépatiques accolées, s'individualisent ensuite, confluent l'un dans l'autre, et forment ainsi le canal hépatique : celui-ci prend le nom de canal cholédoque, après sa jonction avec la vésicule biliaire, ou canal cystique.

Le lobule sanguin est orienté de telle sorte que son axe central se trouve être la ramification sus-hépatique, et que les espaces portes en délimitent la périphérie.

Le lobule biliaire, au contraire, est centré autour de l'espace porte ; il est peu apparent chez l'homme et la plupart des Mammifères et représente le vestige de l'ancienne glande tubulée ou hépato-pancréas.

La cellule hépatique qui constitue l'élément primordial du foie se trouve placée entre les capillaires sanguins, dont elle est séparée par une simple lame endothéliale, et le capillaire biliaire, qui occupe une autre face de la cellule. Le capillaire sanguin représente, pour la cellule, la voie de la sécrétion interne; le capillaire biliaire représente la voie de la sécrétion externe.

La cellule hépatique est de grandes dimensions, polyédrique, à noyau souvent double, ne prenant pas très activement la coloration. Le protoplasma contient une série de granulations : on y distingue des granulations de glycogène, très abondantes dans certaines circonstances, et facilement colorées par l'iode ioduré; des granulations ferrugineuses prenant une coloration bleue par le ferrocyanure, quelques fines granulations graisseuses colorées en noir par l'acide osmique, et des granulations albuminoïdes encore mal définies.

Au point de vue physiologique, le foie des Mammifères est chargé de remplir de nombreuses et importantes fonctions (fonction glycogénique, martiale, uropoiétique, antitoxique, etc.).

La fonction adipo-hépatique est peu importante à l'état normal.

Chez l'adulte, à l'état normal, les cellules du foie contiennent, dans leur intérieur, des gouttelettes de graisse; cette graisse est peu abondante, et n'est généralement pas colorable par l'acide osmique; néanmoins elle existe et si on fait un extrait éthéré du foie chez l'homme, on trouve que les cellules hépatiques renferment de 2 à 3 p. 100 de matières grasses. Mais la graisse est surtout abondante, et décelable histologiquement d'une part chez les nouveau-nés, d'autre part chez les femelles pendant la gestation et l'allaitement, et enfin dans certaines conditions nutritives que nous aurons à préciser. Elle peut alors atteindre presque 25 p. 100 du poids du foie.

1° Chez les *nouveau-nés*, la graisse se présente d'une façon très caractéristique. Chez le *Rat* nouveau-né, Leydig (44) a signalé une grande abondance de graisse dans le foie. Chez le *Cobaye*, Nattan-Larrier (53) a montré que le foie du nouveau-né est normalement gras : à un faible grossissement, et sur une coupe fixée à l'osmium, la graisse se montre surtout abondante au contact même de l'espace porte; elle est au contraire peu abondante dans la région de la veine sus-hépatique; à un fort grossissement, on constate que les cellules dépourvues de granulations graisseuses sont très rares; on en trouve cependant quelques-unes dans le voisinage de la veine sus-hépatique. Mais au fur et à mesure qu'on s'éloigne de cette veine, la richesse en graisse des cellules augmente, les fines gouttelettes sont remplacées par de grosses gouttes atteignant ou dépassant le volume du noyau.

Chez la *Souris*, nous avons pu constater que les cellules hépatiques de fœtus renferment de fines granulations graisseuses en quantité peu abondante, et variable suivant les individus.

Chez l'homme, il y a généralement surcharge graisseuse chez

le nouveau-né, mais non toujours ; par exemple, NATTAN-LARRIER (53) relate deux cas : l'un, chez un fœtus de six mois, où le foie n'en présentait pas ; le deuxième, chez un fœtus également de six mois, où toutes les cellules hépatiques étaient en état de surcharge graisseuse.

2° *Pendant la gestation et la lactation*, les cellules centrales du lobule hépatique sont infiltrées de graisse (RANVIER, DE SINETY).

DE SINETY (66) a montré notamment que chez les femelles en lactation, dont le foie était bourré de graisse, les granulations graisseuses avaient une disposition particulière : elles sont situées dans les rangées de cellules qui entourent la veine centrale, elles gagnent quelquefois la partie moyenne du lobule, mais rarement la périphérie.

Il est à remarquer que c'est l'inverse de ce que nous avions observé chez le fœtus, et de ce que nous observerons plus loin dans les dégénérescences ou infiltrations graisseuses du foie, où le processus marche de la périphérie au centre du lobule.

Cette disposition est en faveur du rôle que nous attribuons à la fonction adipogénique dans ses rapports avec la reproduction : en effet, chez la femelle en lactation, la graisse du foie est tenue en réserve pour servir à la fabrication du lait : aussi la substance adipeuse est-elle disposée autour des veines sus-hépatiques, c'est-à-dire, tout près de la voie d'évacuation sanguine du lobule, le plus près possible des vaisseaux, pour être emportée le plus rapidement possible dans le sang ; chez le fœtus et le nouveau-né au contraire, la graisse est répartie près des espaces portes, c'est-à-dire autour de la voie sanguine d'apport. Cette graisse hépatique, dont nous aurons à préciser la nature, semble donc quitter la cellule hépatique de la mère, pour atteindre la cellule hépatique du fœtus où elle se met en réserve pour les premiers temps de la vie.

3° *Dans certaines conditions alimentaires*, en dehors de la gestation et de la lactation, on voit, chez un grand nombre de Mammifères, s'accumuler dans le foie des réserves graisseuses, qui subviendront à leur nutrition en cas de disette. Cette surcharge que l'on trouve dans le foie provient en grande partie de l'alimentation. On sait, en effet, qu'une certaine partie des matières grasses ingérées est absorbée par les chylifères et conduite dans la circulation veineuse générale, tandis que l'autre partie est décomposée dans l'intestin en savons et en glycérine, et recombinée au delà de la paroi intestinale; elle prend le chemin de la veine porte et se trouve alors en contact avec les cellules hépatiques. Cette graisse est arrêtée par le foie.

Drosdorf a comparé, en effet, la proportion de graisse des sangs porte et sus-hépatique : il en a trouvé 5,04 p. 1000 dans le premier et 0,84 p. 1000 dans le second. Le rôle du foie n'est donc pas discutable.

De leur côté, MM. Gilbert et P. Carnot (30) ont fait quelques recherches expérimentales à ce sujet. Ils ont injecté par la veine porte, chez des Lapins, des Cobayes et des Chiens, une certaine quantité d'huile finement émulsionnée (par addition d'une légère proportion de bile ou de carbonate de soude). Ils sacrifiaient ensuite leurs animaux en séries, de quelques instants à quelques jours après l'injection. Ils ont remarqué que lorsque l'injection a été copieuse, le foie apparaît congestionné, luisant à la coupe, et laissant sourdre, à la surface de section, un liquide huileux, tachant le papier et surnageant sur l'eau. L'huile avait donc été retenue en masse par le foie.

De même, si on injecte dans une veine mésaraïque une certaine quantité de lait, le foie, après quelques heures, et même au bout de trois ou quatre jours, laisse écouler à la coupe un liquide blanc, opalescent, qui contient les graisses émulsionnées du lait. On voit ainsi sourdre les graisses accumulées dans le foie.

On obtient le même résultat avec une injection de beurre liquéfié.

D'autre part, on sait que, pendant la période digestive, le foie arrête les graisses. Frerichs (26) a vu, sur des chiens nourris avec de l'huile de foie de morue, les cellules hépatiques se transformer en vésicules adipeuses.

Nous avons fait à ce sujet un grand nombre d'expériences, que nous relaterons dans la seconde partie de ce travail, à propos du rôle alimentaire de la fonction adipo-hépatique et auxquelles nous renvoyons (p. 89).

D'ores et déjà, nous pouvons dire que, chez les Mammifères, le foie emmagasine facilement des réserves adipeuses provenant de l'alimentation; que parmi les graisses, celles d'origine animale paraissent particulièrement bien fixées et assimilées : les graisses du beurre et du lait sont remarquables à ce point de vue; puis viennent l'huile de pied de bœuf, l'huile de foie de morue, et enfin l'huile végétale, dont on retrouve dans le foie une quantité bien moindre.

Les réserves adipo-hépatiques ne se constituent qu'assez longtemps après l'absorption (le maximum a lieu après 10 heures). Il est à remarquer, d'autre part, qu'au moment de la digestion, où le foie commence seulement à se surcharger, les chylifères sont injectés d'une émulsion blanche, et le canal thoracique également. Il est donc probable que la graisse arrive au foie plutôt par la circulation générale que par la veine porte : ceci explique le début tardif de la surcharge graisseuse.

Mais, d'autre part, il est démontré que la proportion de graisse dans le foie n'est pas en raison directe des aliments gras ingérés, et que le foie peut faire de la graisse, même s'il n'en reçoit pas par la veine porte. On sait que, chez des Chiens nourris exclusivement de féculents, Cl. Bernard trouvait de grandes quantités de graisse dans le foie, tandis qu'il n'en trouvait presque pas chez les animaux soumis au régime azoté.

Tscherwinsky nourrit un porcelet, pendant quatre mois, avec de l'orge de composition connue; la quantité de graisse gagnée par l'animal fut de 7 kg. 9, dont 5 kilogr. au moins venaient certainement des matières amylacées de l'alimentation.

5° *Dans certains cas pathologiques*, on connaît, chez l'homme, la présence de surcharges et infiltrations graisseuses du foie. On voit, après l'action de l'acide osmique, les cellules hépatiques bourrées de granulations noires représentant de la graisse. Tels sont les foies des buveurs, des tuberculeux, des intoxiqués (phosphore, etc.).

D'après Lereboullet (43), dans la dégénérescence graisseuse du foie, le développement de la graisse dans les cellules paraît étroitement lié à un ralentissement dans le travail nutritif, et, par conséquent, à la combustion organique, qui est la première condition de ce travail. Lorsque la quantité d'oxygène absorbé est moindre qu'à l'état normal (phtisie, tuberculose, cancer, etc., et probablement toutes les maladies de la nutrition), ou lorsque les aliments respiratoires (féculents et autres) sont dans une proportion trop forte, la combustion de ces substances est incomplète, et les éléments chimiques qui les composent se combinent pour former de la graisse qui se dépose dans les cellules hépatiques.

Dans la dégénérescence aiguë, produite expérimentalement chez le Chien, après un jeûne de douze à vingt jours, Bouci a constaté que toutes les cellules hépatiques sont bourrées de gouttelettes de graisse plus ou moins grosses, teintes en noir par l'acide osmique. Cette graisse, produite ainsi au niveau du foie, pendant une période de jeûne, provient certainement de la transformation des albuminoïdes.

C'est d'ailleurs ce qui se passe dans les états pathologiques, à la suite de la dégénérescence et de l'infiltration graisseuses du foie chez les buveurs, les tuberculeux, les intoxiqués par le phosphore surtout.

Il importe de remarquer que des travaux récents ont paru démontrer que le corps ainsi formé dans la dégénérescence graisseuse du foie, était non de la graisse, mais de la Lécithine (Dastre et Morat) (17). Ainsi, dans tous les cas que Balthazard (2) a examinés, la teneur du foie en Lécithine s'est accrue, qu'il s'agisse d'infection (tuberculose, diphtérie), d'intoxication par poisons minéraux (phosphore), par poisons microbiens (toxine, typhique), ou d'auto-intoxication (inanition, urémie).

Pour Balthazard, cette Lécithine proviendrait en grande partie des Leucocytes du sang circulant. Ces Leucocytes s'accumuleraient surtout dans la rate, où ils sont englobés par les macrophages et plus ou moins digérés; ils renferment des Lécithines en nature, et il peut s'en constituer de nouvelles aux dépens de leurs noyaux. Ce sont ces Lécithines qui gagneraient le foie par la veine splénique et y seraient retenues.

Quoi qu'il en soit, nous pouvons conclure que toute la graisse qui se trouve dans le foie ne provient pas de la graisse ingérée; le foie a non seulement un *rôle adipo-pexique*, mais aussi un rôle *adipogénique* et il fabrique lui-même sa graisse aux dépens d'autres matériaux (albuminoïdes et hydrates de carbone).

Une certaine quantité de cette graisse est éliminée par le foie et se retrouve en nature dans la bile. Gilbert et P. Carnot (30), à la suite de leurs injections veineuses d'huile émulsionnée chez le Chien, trouvaient la paroi de la vésicule biliaire infiltrée de graisse; les cellules épithéliales étaient pleines de granulations noires, et la bile elle-même contenait une faible quantité de matière huileuse. Rosenberg a noté qu'après un repas riche en corps gras, la bile éliminait une petite partie de la graisse alimentaire.

D'autre part, une partie de la graisse se transforme, peut-être, en sucre (expériences de Seegen, de Chauveau, de Rumpf). Seegen a vu qu'après une alimentation grasse, prolongée pendant trois à quatre jours, le foie est plus riche en sucre; en mettant un fragment de foie en présence de graisse et d'un peu de sang, il a vu se former du sucre dans le mélange. Cette expérience mériterait d'être répétée dans des conditions irréprochables d'asepsie.

Mais Bouchard et Desgrez n'admettent pas cette transformation. D'autre part MM. Gilbert et Carnot, dans leurs expériences d'injection intraveineuse de graisses, n'ont pas constaté une augmentation de glycogène hépatique au moment de la disparition de la graisse qui surchargeait les cellules hépatiques après l'injection.

On voit, *en résumé*, que la fonction adipo-hépatique, qui existe à l'état normal chez les Mammifères, ainsi que le prouve l'analyse chimique, est très notablement augmentée dans certaines conditions : chez la mère pendant la gestation et l'allaitement; chez le fœtus où la graisse mobilisée du foie de la mère semble s'accumuler provisoirement; chez l'animal dans certaines conditions d'alimentation, après un repas riche en graisse, ou par transformation en graisse d'autres aliments; enfin à l'état pathologique, où la dégénérescence ou surcharge graisseuse du foie prend une importance primordiale.

Même chez les animaux en apparence les moins typiques, on voit donc toute l'importance que peut revêtir, dans certaines conditions, la fonction adipogénique du foie.

DEUXIÈME PARTIE

ÉTUDE SYNTHÉTIQUE DE LA FONCTION ADIPO-HÉPATIQUE; SA SIGNIFICATION PHYSIOLOGIQUE

Nous avons vu, dans la *première partie* de ce travail, que la fonction adipo-hépatique était une fonction très générale, au moins à une certaine période de l'année, et qu'on pouvait la déceler à presque tous les degrés de la série animale.

Nous avons vu, d'autre part, que la quantité de graisse du foie était essentiellement variable et qu'elle dépendait, en grande partie, de l'époque à laquelle est examiné l'animal et des différentes conditions de la vie physiologique dans lesquelles il se trouve alors.

Dans la *deuxième partie*, nous aurons à interpréter les données ainsi recueillies, pour approfondir les causes diverses qui agissent sur la fonction adipo-hépatique et qui en éclaircissent la finalité.

Parmi les causes qui peuvent influer plus ou moins sur la fonction adipo-hépatique, nous examinerons successivement le genre de vie de l'animal, son genre de nourriture, sa température propre ainsi que la température du milieu où il vit, son habitat aquatique, amphibie ou terrestre, etc.

Ces causes influent plus ou moins sur la teneur en graisse, sur la surcharge adipeuse du tissu cellulaire sous-cutané notamment, et elles peuvent ainsi, directement ou indirectement, faire varier les proportions et la nature de la graisse hépatique.

1° **Chaleur.** — D'une façon générale, la température du milieu dans lequel se trouve l'animal envisagé influe sur la teneur en graisse des différents organes; on comprend, en effet, qu'un animal à sang chaud, qui est obligé de dégager incessamment une certaine quantité d'énergie pour maintenir sa température supérieure à celle de son milieu, doive emmagasiner, de ce fait, des réserves calorifiques pour n'être pas pris à dépourvu de combustible.

D'autre part, les graisses étant mauvaises conductrices de la chaleur, l'animal a intérêt à s'isoler par une couche cellulo-adipeuse périphérique et sous-cutanée, de même qu'il s'isole par sa fourrure ou par ses plumes.

Mais on peut penser, en retour, que si les réserves adipeuses du tissu cellulaire sont abondantes, le foie peut servir d'entrepôt et de dépositaire à cette graisse entre le moment de son absorption, de sa transformation ou de sa fixation, et le moment de son utilisation.

En réalité, l'influence de la température extérieure est assez minime et elle ne peut pas expliquer les grandes variations saisonnières que présente la teneur en graisse de l'organe hépatique.

Par contre, cette influence nous a paru assez manifeste sur la nature de la graisse, et principalement sur son degré de fusibilité. La graisse du foie, chez les animaux à sang froid notamment, nous a toujours paru beaucoup plus fusible que la graisse des animaux à sang chaud. Le foie des Invertébrés et celui des Poissons possède une graisse fusible à basse température (huile de foie de morue, huile de foie de squale, etc.). La graisse des Mammifères et de certains oiseaux est beaucoup moins fusible (foie gras de volaille, etc.).

2° **Habitat.** — On peut se demander si la charge de la glande digestive en graisse n'est pas liée au genre de vie de l'animal, et si la nécessité, par exemple, d'une certaine quantité de graisse dans les téguments, ayant pour but de rendre ceux-ci imperméables à l'eau qui les entoure, n'est pas pour quelque chose dans les réserves adipo-hépatiques.

En effet, il est à remarquer que, comparativement aux animaux terrestres, les animaux à vie aquatique semblent avoir une fonction adipo-hépatique plus développée. Si, par exemple, on compare les Mollusques terrestres et aquatiques, on voit que l'Helix, animal terrestre, n'a sa glande digestive chargée de graisse que pendant un court espace de temps, un mois et demi environ; de même la Limace n'a de graisse hépatique que pendant une courte période; par contre, les Mollusques aquatiques (Cardium, Chiton, etc.) ont une glande hépatique chargée de graisse pendant une grande partie de l'année.

Les Poissons (Raie, Morue, Carpe, etc.) ont une surcharge graisseuse généralement considérable et persistant toute l'année, et ce fait est peut-être en rapport avec leur vie aquatique.

D'autre part, chez les Oiseaux aquatiques (Grèbe, Vanneau, Poule d'eau, Canard, etc.), le foie est généralement très gras, alors qu'il l'est peu normalement chez les autres Oiseaux; mais il ne peut s'agir ici d'une loi générale, car les faits sont nombreux qui vont à l'encontre d'une pareille hypothèse.

Chez les Amphibiens, qui vivent aussi bien dans l'air que dans l'eau, la fonction adipo-hépatique paraît peu en rapport avec l'habitat; tandis que chez la Salamandre on trouve une glande hépatique très riche en graisse comme chez les Poissons, la Grenouille au contraire présente un foie presque complètement dépourvu de granulations graisseuses. Les Serpents, animaux terrestres, ont une fonction adipo-hépatique développée.

Les animaux aériens, qui n'ont pas à lutter contre l'humidité, présentent néanmoins, à un moment donné, une grande abondance de graisse dans le foie, etc.

Il est donc probable que si le genre de vie intervient, pour une part, sur la teneur en graisse de l'organe hépatique, d'autres causes, beaucoup plus importantes, en font varier les proportions.

Les variations saisonnières, qui sont la règle pour la teneur en graisse du foie, ne peuvent en effet s'expliquer par un habitat qui ne varie pas; par exemple, bien que la Morue reste dans l'eau toute l'année, elle présente un foie presque dépourvu de granulations graisseuses en décembre et janvier; celles-ci augmentent en février et mars et deviennent très abondantes du mois d'août au mois de novembre; on ne peut incriminer le contact de l'eau pour expliquer ces variations.

3° **Alimentation.** — A côté des causes secondes que nous venons de passer en revue, il en est d'autres beaucoup plus importantes : telle l'alimentation.

Le genre de nourriture de l'animal a évidemment une influence sur la fonction adipo-hépatique ; nous en préciserons l'importance en étudiant la surcharge graisseuse provoquée par l'alimentation et suivant la nature de la graisse ingérée. Nous verrons, par exemple, que chez les animaux supérieurs, après un repas contenant du beurre, ou du lait non écrémé, le foie se surcharge de graisse bien davantage que lorsque les graisses ingérées sont étrangères à l'organisme : la graisse de pied de bœuf, l'huile de foie de morue, l'huile végétale, sont de moins en moins retenues par le foie; d'autre part, l'alimentation par les graisses surcharge davantage en graisse l'organe hépatique, qu'une alimentation albuminoïde ou sucrée isodyname.

Or, certains animaux ont, par leur genre de vie, une nourriture plus riche en graisse que d'autres. Certains oiseaux aquatiques, par exemple, se nourrissent spécialement de poissons, à chair imprégnée d'huile; ils ont généralement une glande hépatique riche en graisse (*Gallinula*, *Vannellus*, *Greba*), ainsi que nous l'avons déjà noté. D'autres oiseaux se nourrissent principalement de graines oléagineuses, et leur foie est relativement assez riche en graisse.

Pour provoquer chez les Canards et chez les Oies la formation industrielle de foies gras, on les nourrit de préférence uniquement avec des graines de maïs.

Boussingault a montré, d'autre part, par des chiffres précis, l'importance de l'alimentation sur la teneur en graisse du foie des volailles; il a montré également que cette graisse provenait en partie des albuminoïdes.

La graisse qui surcharge le foie provient donc bien évidemment de l'alimentation, mais une même alimentation surchargera différemment le foie suivant les conditions qui rendent nécessaire une pareille surchage. Autrement dit, si l'alimentation est le moyen, d'autres conditions, la vie génitale par exemple, constituent le but, et l'on doit distinguer entre les causes efficientes, telles que l'alimentation, qui représentent le mécanisme de la fonction, et les causes finales, telles que la reproduction, qui la nécessitent, la commandent, et la dirigent.

Pour n'en citer ici qu'un seul exemple, on a reconnu depuis longtemps que les Oies et les Canards, gavés artificiellement de graines de maïs, ne donnent de volumineux foies gras qu'à une certaine époque de l'année; or, celle-ci nous paraît correspondre avec le moment qui précède la reproduction. La suralimentation exalte donc une fonction normale, à l'époque où le foie est déjà naturellement gras, en vue des réserves embryonnaires; la suralimentation provoque une hypertrophie considérable de cette fonction, mais somme toute, même en pareil cas, la suralimentation à elle seule ne suffit pas pour développer la fonction adipo-hépatique.

4° **Vie génitale**. — Parmi les influences qui expliquent et commandent la fonction adipo-hépatique, l'une des plus manifestes nous paraît être l'influence de la vie génitale :

En effet, chez les *animaux inférieurs* on peut constater que la graisse n'existe dans le foie qu'à une certaine période de l'année; celle-ci coïncide presque toujours avec le moment précédant la reproduction.

D'autre part, on voit chez ces animaux une intrication complète des glandes hépatiques et génitales. Lorsque la glande hépatique perd ses réserves graisseuses, la glande génitale accroît les siennes et l'on peut quelquefois, sur la même coupe, suivre entre les deux glandes imbriquées le passage des corpuscules graisseux de l'une à l'autre.

Chez les *animaux supérieurs*, on voit la graisse apparaître dans le foie seulement au moment de la gestation et de l'allaitement chez la mère, pendant la vie utérine et les premiers temps après la naissance chez le jeune animal.

Il est à remarquer que, dans ces conditions, la graisse se trouve située, chez la mère, autour de la veine sus-hépatique (centre d'évacuation) et chez le fœtus, au contact de la veine porte (voie d'arrivée). Cette topographie est en faveur de l'existence d'un transport de graisse entre le foie de la mère et celui du fœtus.

Chez la femelle ovipare, on constate de même que les œufs sont entourés d'une couche très riche en graisses et en Lécithines (jaune d'œuf), et que le foie de la mère est chargé de graisses et de Lécithines peu de temps avant l'époque de la ponte.

Il ne s'agit pas d'ailleurs là d'un phénomène spécial à la femelle; car, chez les mâles, on constate également une surcharge graisseuse des glandes génitales précédant la spermatogénèse (Loisel [45]).

Telles sont, dans leurs grandes lignes, les différentes influences, plus ou moins importantes, qui agissent sur la fonction adipo-hépatique, et que nous allons examiner de plus près.

INFLUENCE DE LA CHALEUR

Nous nous sommes demandé tout d'abord, à la suite de considérations théoriques, si la chaleur animale, propre à l'espèce envisagée, ne jouait pas un rôle vis-à-vis de la forme graisseuse ou hydrocarbonée que revêtent, dans le foie, les réserves alimentaires.

En effet, les animaux à sang froid semblent, au premier abord, présenter au niveau du foie, des réserves adipeuses plus considérables que les animaux à sang chaud. Chez les animaux à sang chaud, au contraire, la forme de choix des réserves hépatiques semble être le glycogène, ainsi que le fait est classique, depuis les mémorables recherches de Cl. Bernard (3).

D'autre part, la présence de graisse paraît, au premier abord, coïncider (chez quelques espèces tout au moins) avec la saison froide.

A l'appui de la première proposition (prédominance de la fonction adipo-hépatique chez les animaux à sang froid) nous rappellerons que, chez les Invertébrés, la fonction adipo-hépatique est particulièrement développée. Chez les Mollusques, chez les Crustacés, chez les Astéries, les réserves de graisse sont très abondantes; il en est de même parmi les Vertébrés, chez les Poissons, animaux à sang froid.

Par contre, chez les animaux à sang chaud, et à l'état normal, les réserves graisseuses du foie sont beaucoup plus faibles, par rapport surtout aux réserves graisseuses des autres tissus, notamment du tissu conjonctif où elles s'emmagasinent. On ne peut mettre en évidence cette fonction que dans des conditions particulières : pendant la période digestive, pendant la période de reproduction et de lactation, et sous certaines influences pathologiques.

Il semblerait donc que, pour une cause ou pour une autre, la fonction adipo-hépatique est d'autant plus développée que l'on a affaire à des animaux à température plus basse. Mais nous ferons remarquer immédiatement que la règle que nous esquissons, ne peut être envisagée que comme une tendance générale, et que les exceptions à cette règle sont fort nombreuses. Certains animaux à sang froid ne présentent pas de réserves adipeuses, alors que des animaux d'espèces très voisines, et de température identique, en présentent presque constamment (Moule).

D'autre part, au contraire, au moment de la ponte, comme après certaines surcharges alimentaires, des animaux à température élevée, tels que les Oiseaux, en présentent une énorme quantité (foies gras de volaille).

La température propre de l'animal ne joue donc pas, en réalité, le rôle qu'on pouvait à priori lui concéder.

Les variations saisonnières de la fonction adipo-hépatique ne coïncident, d'autre part, que dans quelques cas avec les températures froides; c'est ainsi que, chez l'Écrevisse, les réserves adipeuses manquent en décembre, janvier, février, et existent, au contraire, en avril, mai, etc. Chez l'Helix, la graisse manque en décembre, janvier, février, et existe en mai et juin.

La température paraît donc insuffisante pour expliquer les variations que l'on rencontre dans la fonction adipo-hépatique.

Nous avons fait, néanmoins, quelques expériences directes que nous relaterons sommairement. Ces expériences consistent, d'une part, dans l'élévation de température d'animaux à sang froid, et, d'autre part, dans l'abaissement de température d'animaux à sang chaud. Un fragment de foie, réséqué avant l'expérience, sert de témoin pour apprécier un changement possible dans la teneur en graisse de l'organe.

1° *Influence de l'élévation de température chez les animaux à sang froid.* — Ces expériences ont porté sur un Mollusque (Helix pomatia), et sur un Poisson (Tanche).

Expérience I. — Sur un Helix pomatia, vivant depuis 15 jours à la température du laboratoire, on fait sauter le 1er juin un fragment de coquille, au niveau du tortillon, et on résèque une toute petite portion de la glande hépatique, qui est immédiatement fixée par la liqueur de Flemming. La rondelle de coquille enlevée est réappliquée et maintenue en place, à l'aide d'un morceau de taffetas gommé. L'animal est abandonné dans un cristallisoir à la température du laboratoire.

Le 3 juin, l'animal est mis à l'étuve, et la température est progressivement élevée à 28°.

Le 4 juin, la température est progressivement portée jusqu'à 38°; l'animal est alors maintenu à cette température jusqu'au

12 juin, c'est-à-dire pendant 8 jours. L'animal est placé sur des feuilles, que l'on a soin d'humecter et de remplacer fréquemment.

Le 12 juin l'animal meurt; l'organe est alors fixé de la même façon que la portion réséquée avant l'expérience.

A l'examen histologique on remarque qu'avant les élévations de température, la graisse était abondante, ainsi d'ailleurs que nous l'avons constaté, chez l'Helix, à pareille époque. Après 8 jours d'étuve, au contraire, la graisse a totalement disparu.

Expérience II. — On prend deux Helix, que l'on met dans une étuve, dont on augmente progressivement la température jusqu'à 38°; ils restent sept jours à cette température, puis ils meurent spontanément; leur foie ne contient plus de graisse.

Expérience III. — Le 15 février, on prélève un morceau de foie sur une Tanche; on suture la plaie et on abandonne le poisson dans l'eau courante, à une température de 8°, pendant deux jours. Le 19 février, la température s'étant élevée accidentellement à 28°, et l'animal paraissant malade, on le remet une heure dans l'eau courante à 8°; on élève ensuite progressivement la température jusqu'à 20°.

Le 20 février, la température est portée à 28°.

Le 22, la température est portée à 32°; mais l'animal meurt : donc sept jours après le commencement de l'expérience.

Le foie est prélevé et fixé par la liqueur de Flemming. La comparaison des deux fragments montre une disparition complète de la graisse.

Nous avons fait la même expérience sur des cyprins et nous avons obtenu les mêmes résultats.

2° *Influence de l'abaissement de température chez les animaux à sang chaud.* — Le 2 avril, on prélève sur une poule (ayant pondu le matin) un morceau de foie. L'oiseau est si gras que l'on doit réséquer de gros morceaux de graisse sous-cutanée pour arriver aux muscles.

On abaisse ensuite la température de l'animal en lui mettant les pattes dans l'eau pendant quatre heures, et on renouvelle ce refroidissement six jours de suite.

A l'examen histologique, nous constatons que le foie, pris au début de l'expérience, est extrêmement gras, et qu'il l'est beaucoup moins après l'abaissement de température. Il est probable que les réserves adipeuses du foie ont été utilisées dans ce cas comme combustible.

Nous avons relaté ces expériences pour mémoire. Mais les résultats qu'elles ont donnés sont peu nets et peuvent d'ailleurs être interprétés de différentes manières; la température, en effet, n'entre pas seule en jeu : l'animal est mis dans des conditions artificielles qui doivent lui être mauvaises, puisqu'il meurt assez rapidement si l'on se départit un peu des précautions les plus minutieuses; il y a, de ce fait, des phénomènes toxiques, peut-être infectieux, qui empêchent de tirer aucune conclusion et qui nous ont dispensés de nouvelles expériences analogues.

INFLUENCE DE L'ALIMENTATION

L'alimentation joue évidemment un rôle considérable, quant à l'existence des réserves nutritives du foie, qu'il s'agisse de réserves glycogéniques ou graisseuses.

Nous étudierons cette influence : 1° d'une part grâce à l'observation comparée des différents animaux, suivant leur condition d'existence, suivant les saisons, suivant l'époque d'hibernation, suivant l'abondance de nourriture, et aussi, suivant l'engraissement artificiel provoqué (foie de volaille); 2° d'autre part, grâce à l'expérimentation qui permet de comparer le rôle des principaux aliments et des différentes graisses, relativement à la surcharge adipeuse du foie.

Nous étudierons successivement cette influence : 1° chez les animaux à sang froid, à fonction adipo-hépatique développée, mais où des variations étendues s'observent spontanément suivant les saisons et le genre de vie; 2° chez les animaux à sang chaud, qui, par l'observation seule, donnent relativement peu d'indications, mais qui sont particulièrement favorables à l'expérimentation, grâce à leur faible quantité habituelle de graisse.

Influence de l'alimentation chez les animaux inférieurs. — 1° Faits d'observation. — Chez les animaux inférieurs, l'observation indique que la fonction adipo-hépatique est généralement d'autant plus développée que l'animal se trouve dans de meilleures conditions nutritives. Ceci se comprend sans peine; car il est de toute évidence que la graisse, accumulée dans le foie, provient des aliments ingérés, qu'il s'agisse de leur fixation directe ou de la transformation en graisse d'autres substances chimiques; il en est d'ailleurs de la graisse comme du glycogène.

Mais, d'autre part, la fonction adipo-hépatique ayant pour but de régulariser la consommation des graisses, on doit s'attendre, *a priori*, à ce que les réserves adipeuses existent surtout au moment où elles deviennent nécessaires, au moment de l'hibernation par exemple, ou au moment du développement des œufs.

Aussi, le rôle évident de l'alimentation dans la constitution des réserves du foie est-il, en partie, voilé par l'intervention de diverses finalités qui nécessitent ces réserves, et l'on peut dire que, si les réserves graisseuses proviennent certainement de l'alimentation et en dépendent en partie, elles ont, pour raison d'être, d'autres facteurs biologiques tels que l'hibernation, ou la nécessité d'assurer, au moment de la fécondation, des réserves graisseuses à la nouvelle génération. Autrement dit, si l'alimentation explique le mécanisme de la fonction adipo-pexique, elle n'en explique peut-être pas à elle seule la finalité.

Ces considérations générales nous permettent de comprendre comment les variations de la fonction adipo-hépatique ne sont pas toujours parallèles aux variations nutritives.

Ces remarques sont particulièrement applicables aux variations saisonnières; en effet, si, le plus souvent, la graisse du foie est surtout abondante à l'époque où l'animal trouve facilement sa nourriture, cette règle n'est cependant pas générale.

Chez les animaux que nous avons suivis toute l'année à ce point de vue, le maximum de la teneur en graisse du foie a lieu très fréquemment au moment de la belle saison, alors que la nourriture est abondante : c'est ainsi que l'Astacus ne présente de réserves adipeuses du foie qu'à partir de la fin du mois de mars, et jusqu'au mois de septembre environ; le foie du Cardium edule ne présente de la graisse qu'à partir du mois d'avril; le foie de l'Helix, qui n'a pas de graisse pendant la plus grande partie de l'année, n'en présente guère qu'aux mois de mai et de juin, etc. Mais nous devons ajouter que les mêmes espèces, aux mois de juillet, d'août et de septembre, sont encore dans d'excellentes conditions nutritives et que cependant leur foie ne présente pas de graisse.

Si donc l'abondance des aliments est nécessaire, elle n'est pas suffisante. Nous aurons d'ailleurs à revenir sur ce sujet, à propos de l'influence de la vie génitale et des réserves nutritives destinées aux embryons. Nous remarquerons seulement que l'influence des conditions nutritives peut s'exercer, et n'être cependant qu'indirecte, ou qu'elle peut également agir à la fois sur la fonction adipo-hépatique et sur telle autre fonction qui en est le but, telle que la fonction de reproduction par exemple. L'abondance de nourriture peut agir directement sur la fonction adipo-hépatique et agir aussi directement pour fixer l'époque et le mécanisme de la reproduction; il semble, en effet, y avoir un certain parallélisme entre l'époque de la fécondation et l'abondance des aliments disponibles.

D'après M. Giard, la génération est intimement liée à la nutrition : si, à une époque déterminée, la nutrition est exubérante, cet excès détermine la production d'un nouvel être, qui se nourrit aux dépens des matériaux amassés; il s'établit ainsi une loi d'équilibre entre l'accroissement de la population et l'abondance de la nourriture qui leur permet de vivre.

Par exemple, si on prend un être à génération tokogonique (Hydre par exemple) et si on le met dans des conditions de nourriture insuffisante, cet être continue à vivre pendant des années sans se reproduire; si la nourriture devient abondante, on le voit donner naissance à de nouveaux êtres semblables à lui.

Dans les cas plus complexes, où il y a amphigonie, les conditions restent les mêmes et l'animal n'est apte à se reproduire que lorsque les aliments disponibles sont abondants.

Il y a donc bien parallélisme entre la nutrition des êtres et la reproduction; au point de vue qui nous occupe, la fonction adipo-hépatique peut participer à la fois de ces deux facteurs parallèles, l'un, facteur de causalité, l'hypernutrition, l'autre, facteur de finalité, la reproduction.

2° Faits d'expérience. — Chez les animaux inférieurs, les variations saisonnières ne s'expliquent donc pas complètement par la suralimentation; l'expérimentation directe n'indique pas non plus une relation très évidente entre l'un et l'autre. En effet, nous avons plusieurs fois provoqué le jeûne, ou la suralimentation, chez des animaux dont nous voulions étudier les variations adipo-hépatiques.

Jeûne et suralimentation chez l'Helix pomatia. — Le 2 juin, on prend deux lots de trois Helix chacun; le premier lot de trois Helix est laissé sans nourriture; le deuxième lot est alimenté à discrétion avec des feuilles fraîches de salade et de choux : on constatait qu'ils s'alimentaient copieusement.

Le 17 juin, donc quinze jours après le début de l'expérience, on sacrifie tous les animaux.

Le foie des trois Escargots à jeun ne présente pas du tout de graisse; le foie des trois autres alimentés en contient encore un peu.

Il est à remarquer que l'époque choisie est exactement l'époque où la graisse disparaît dans le foie de l'Escargot.

Le jeûne a donc hâté la disparition totale de la graisse; l'alimentation a prolongé légèrement cette période d'adipogénie.

Ingestion de sucre chez la Grenouille. — On fait jeûner une Grenouille, pendant huit jours, puis on prélève aseptiquement un morceau de foie, qui est fixé dans la liqueur de Flemming.

On fait ingérer à la Grenouille, chaque jour 10 c. c. de sirop de sucre, pendant trois jours; on prélève de nouveau un morceau de foie, qui est fixé dans le Flemming, comme le premier.

On continue l'ingestion de sirop de sucre, pendant dix jours, puis on sacrifie l'animal.

A l'examen histologique, nous constatons que le foie pris après le jeûne est extrêmement pauvre en granulations graisseuses; que celles-ci augmentent légèrement après trois jours d'ingestion de 10 c. c. de sirop de sucre, et qu'elles augmentent encore après dix jours de ce même traitement.

Influence de l'alimentation chez les animaux supérieurs. — Chez les *animaux supérieurs*, l'influence de l'alimentation paraît beaucoup plus évidente et surtout beaucoup plus facile à démontrer expérimentalement.

1° Faits d'observation. — L'observation a montré depuis longtemps que, chez les animaux bien nourris et gavés, le foie se charge progressivement de graisse, au point de devenir une véritable masse graisseuse, blanche, friable, d'odeur assez spéciale, et de dimensions beaucoup plus considérables qu'à l'état normal. Chez les oiseaux de basse-cour, en particulier, cette observation date de bien longtemps et a donné naissance à l'industrie des foies gras. Les mets de foies des oies engraissées sont connus des gourmets depuis l'antiquité et les Romains avaient déjà des procédés d'engraissement propres à faire augmenter la grosseur de cet organe.

Ils les traitaient même après la mort et l'on raconte que Scipion Metellus, gourmand romain, inventa l'art de faire enfler les foies d'oies, en les plongeant tout chauds, pendant quelques heures, dans du lait miellé. Ils paraissaient sortir de ce liquide, ayant acquis des propriétés recherchées.

La ville de Strasbourg a le monopole de la confection des pâtés dits de foies gras. Depuis les temps antiques, l'Alsace engraissait des oies et obtenait des foies volumineux; Metellus, ce gourmand romain dont nous avons parlé, y avait introduit les méthodes romaines.

M. Gérard, avocat à Strasbourg, a publié l'histoire des pâtés de foies gras; voici ce qu'il en dit :

« Le maréchal de Contades, commandant à Strasbourg, de 1762 à 1788, craignant de se compromettre à la cuisine d'une province si nouvellement française, amena avec lui son cuisinier du nom de Close, natif de la Normandie. Le foie gras était commun dans ces localités; Close l'a, sous forme de pâté, élevé à la dignité d'un mets souverain, en affermissant et en concentrant la matière première, en l'entourant d'une douillette de veau haché menu qu'il recouvrait d'une cuirasse de pâte dorée et historiée aux armes de Contades. Close y mit même des truffes. Cette invention resta un mystère de la cuisine de M. Contades, jusqu'en 1788; ensuite Close s'établit pâtissier, confectionna pour le public, et vendit officiellement depuis lors des pâtés. »

Nous croyons devoir indiquer sommairement la préparation des foies gras de volaille.

L'oie ne s'engraisse bien, et avec profit, que lorsque les froids commencent à se faire sentir, c'est-à-dire au mois d'octobre. A la fin du mois de décembre commence déjà l'époque de la reproduction, et ce *serait infructueusement* qu'on tenterait de les engraisser.

Un engraissement complet exige trente-cinq à quarante jours.

On a soin d'immobiliser l'animal en lui attachant les pattes au fond d'une boîte étroite, deux ou trois fois par jour; on le gave, avec des graines de maïs cuites: 12 litres de graines suffisent pour un engraissement complet. Au bout de vingt à vingt-cinq jours, on sacrifie l'animal et on ne l'ouvre que deux ou trois jours après.

Dans l'engraissement artificiel des oies, le foie ne se charge de graisse que lorsque les différents organes du corps, et surtout les viscères abdominaux, en sont pour ainsi dire saturés.

Les cellules des foies d'oies engraissées diffèrent des cellules graisseuses pathologiques en ce que la graisse qui remplit les premières reste sous la forme de gouttelettes distinctes accumulées dans la cellule, tandis que dans les cellules pathologiques, la graisse se réunit en gouttes de plus en plus volumineuses et finit par former le plus souvent une grosse goutte unique qui distend la cellule comme un ballon.

Les cellules graisseuses des oies ressemblent, sous le rapport de la disposition de la graisse dans leur intérienr, aux cellules graisseuses physiologiques des fœtus ou à celle des animaux inférieurs.

Ces foies gras renferment une proportion très forte de Lécithines : Balthazard (2) a trouvé, dans un foie gras d'oie pesant 1 160 grammes, 50 p. 100 d'extrait alcoolo-éthéré et 9,8 p. 100 de Lécithines. Un autre foie un peu moindre, 850 grammes, contenait 54 p. 100 d'extrait alcoolo-éthéré et 22,9 p. 100 de Lécithines.

Ces valeurs diffèrent notablement, mais, fait observer Balthazard, la dégénérescence graisseuse du foie est un processus pathologique que l'on étudie à divers stades qui ne sont pas comparables entre eux. Il est probable que l'un des stades est constitué, comme l'admettent MM. Dastre et Morat (31), par une dégénérescence lécithique, ou plutôt par une surcharge lécithique du foie; un second stade par une transformation sur place des Lécithines en graisse. Cette transformation s'accompagnerait, d'après Lépine, d'une élimination excessive d'acide glycéro-phosphorique, que l'on retrouverait dans l'urine.

Dans ces cellules si chargées de graisse, il semblerait que la proportion de sucre dût avoir diminué; cependant il n'en est pas ainsi, car dans l'analyse que Cl. Bernard (3) a faite d'un foie gras de Canard, il a trouvé augmentation du sucre (1,40 p. 100 de sucre dans le tissu du foie gras) alors que le foie de Canard ordinaire n'en présente que 1,27 p. 100.

2° Faits d'expérience. — L'expérimentation nous indique le mécanisme de cette surcharge graisseuse; ces expériences ont été faites avec M. Carnot (7).

Expérience. — Le 1er décembre, à dix heures du matin, on choisit quatre cobayes sensiblement de même poids.

Au cobaye n° 1, pesant 360 grammes, on fait ingérer 10 grammes de beurre.

Au cobaye n° 2, pesant 360 grammes, on fait ingérer 10 grammes d'huile de foie de morue.

Au cobaye n° 3, pesant 340 grammes, on fait ingérer 10 grammes d'huile de pied de bœuf.

Au cobaye n° 4, pesant 345 grammes, on fait ingérer 10 grammes d'huile d'olive blanche végétale.

Ces animaux sont sacrifiés ensemble à cinq heures du soir, c'est-à-dire au bout de sept heures.

Le Cobaye n° 1 a les chylifères extrêmement injectés en blanc par de la graisse, l'intestin contient une certaine proportion de matières grasses non absorbées. Le foie pèse 15 grammes; ce foie, mis dans la liqueur forte de Flemming, présente très rapidement une coloration noirâtre plus intense que les autres.

A l'examen histologique, on voit, à un faible grossissement, une quantité de graisse très considérable et répartie à peu près régulièrement. A un fort grossissement (immersion), on voit que la graisse est contenue presque exclusivement dans les cellules hépatiques et qu'elle constitue principalement des gouttelettes très grosses, de taille presque égale à celle du noyau; il y a néanmoins quelques granulations de volume inférieur, et même de petites granulations fines, mais en nombre relativement peu considérable. Les cellules hépatiques ne semblent d'ailleurs pas lésées, leur protoplasma est normal et leur noyau, bien constitué, prend énergiquement la coloration par la safranine. Au niveau des vaisseaux capillaires, on n'observe qu'exceptionnellement des granulations graisseuses; les cellules endothéliales en contiennent rarement, les gros vaisseaux en contiennent également fort peu; il en existe cependant sous la forme de grosses granulations. Les canalicules et canaux biliaires, non plus que les cellules qui les bordent, ne contiennent aucune granulation graisseuse.

Un autre fragment de ce foie, fixé dans le formol, coupé en tranches très minces, et lavé à l'eau courante pour dissoudre les savons, puis fixé par le Flemming après cette élimination des savons, a présenté une quantité de gouttelettes noirâtres sensiblement égale aux coupes traitées directement par le Flemming. Il semble donc que les gouttelettes graisseuses représentent surtout de la graisse et que la quantité de savons est peu considérable.

Un autre fragment du foie, fixé par la liqueur de van Gehuchten, puis traité par la gomme iodée, a présenté une assez forte quantité de glycogène.

Le Cobaye n° 2, qui a pris 10 grammes d'huile de foie de morue, présente comme le n° 1 un intestin qui contient encore des matières grasses, et des chylifères fortement injectés. Son foie pèse 14 gr. 10; ce foie, mis dans la liqueur de Flemming, se colore un peu moins fortement que le précédent.

A l'examen histologique, on voit, à un faible grossissement, que ce foie contient beaucoup moins de graisse que le précédent; cette graisse est d'ailleurs en gouttelettes beaucoup plus fines; les grosses gouttes sont exceptionnelles, et, par contre, l'acide osmique teinte une fine poussière noirâtre. A un fort grossissement, on voit la graisse, qui est en toutes petites gouttelettes, presque exclusivement contenue à l'intérieur des cellules hépatiques et à la périphérie de ces cellules, plutôt qu'aux environs du noyau. Les cellules endothéliales et les capillaires n'en contiennent qu'exceptionnellement; les vaisseaux en contiennent rarement et on n'en voit pas dans les canalicules biliaires. Les lymphatiques ont été coupés en même temps, après fixation par l'acide osmique; on voit que chaque vaisseau lymphatique est très distendu et contient une très grande quantité de granulations graisseuses; certaines d'entre elles sont de taille considérable, beaucoup plus grandes que les lymphocytes qui les accompagnent; d'autres sont petites, et quelques-unes prennent assez incomplètement la coloration par l'acide osmique. Toutes ces granulations sont libres et aucune n'est à l'intérieur des leucocytes, ni des cellules endothéliales de bordure.

Après lavage à l'eau, comme précédemment, et fixation ultérieure à l'osmium, on constate la même abondance de graisses; là, encore, les savons paraissent en minime quantité.

Le glycogène est assez abondant; il est irrégulièrement réparti et prédomine d'une façon extrêmement nette au centre du lobule, autour des veines sus-hépatiques.

Chez le cobaye n° 3 qui a reçu 10 grammes d'huile de pied de bœuf, l'intestin contient encore de la graisse, et les chylifères sont très injectés. Le foie pèse 13 gr. 50, il noircit moins par l'acide osmique que les précédents.

A l'examen histologique, on constate, à un faible grossissement, une assez forte quantité de graisse, presque régulièrement répartie, contenue dans les cellules hépatiques, en granulations de volume moyen; la graisse paraît moins abondante que dans les deux foies précédents. A un fort grossissement, on fait les mêmes constatations qu'antérieurement; la graisse est située presque exclusivement à l'intérieur des cellules hépatiques, surtout à la périphérie de la cellule; les granulations sont moins grosses qu'après l'ingestion de beurre, et plus grosses qu'après l'ingestion d'huile de foie de morue. Les cellules endothéliales et les vaisseaux en contiennent peu; les canalicules biliaires n'en contiennent pas.

Lorsque la fixation a été faite après un lavage prolongé pour éliminer les savons, il semble qu'une très petite quantité de corps gras, réduisant l'acide osmique, a disparu, comme dans les cas précédents.

Le glycogène est assez abondant et prédomine au centre du lobule.

Le cobaye n° 4, après ingestion de 10 grammes d'huile blanche végétale, présente un intestin renfermant une certaine quantité de graisses non encore digérées; les lymphatiques sont injectés de graisses. Le foie pèse 13 grammes, il noircit beaucoup moins que les trois autres par l'acide osmique.

Les coupes présentent une différence extrêmement marquée comme teneur en graisse (le foie en contient très peu); celle-ci est répartie de la même façon; seules les cellules hépatiques en contiennent.

A un fort grossissement, on voit que, tandis que quelques rares cellules sont bourrées de grains noirs, d'autres, assez rares également, n'en contiennent qu'une granulation de taille moyenne, et que la plupart n'en contiennent pas du tout, à tel point qu'il n'y a pas une cellule sur vingt qui contienne de la graisse.

Le lavage à l'eau ne semble pas avoir enlevé beaucoup de savons; le glycogène, assez régulièrement réparti, existe en notable quantité.

En résumé, cette expérience montre que les graisses d'origine animale sont beaucoup mieux résorbées que les graisses d'origine végétale, et se trouvent en beaucoup plus grande quantité dans l'organe hépatique.

Après ingestion de beurre surtout, le foie est extrêmement riche en graisse; il l'est moins après ingestion d'huile de foie de morue, et d'huile de pied de bœuf, et l'est fort peu après ingestion d'huile végétale. Or, il est intéressant de remarquer que le beurre contient la matière graisseuse du lait, c'est-à-dire une forme de graisse particulièrement adaptée à la résorption facile, puisqu'elle doit servir à la nutrition des jeunes. L'huile de foie de morue dérive d'une espèce animale plus éloignée et est moins bien assimilée.

La fixation alimentaire au niveau du foie paraît se faire sous forme de graisses ou de Lécithines, et non de savons, puisque l'eau n'enlève pas sensiblement ces réserves.

Les réserves glycogéniques étaient abondantes dans les quatre cas et sans relation avec la teneur en graisse; enfin, il est à remarquer dans cette expérience, que le poids des 4 foies suivait le même ordre que la quantité de graisses qu'ils contenaient; 15 grammes pour le beurre, 14 gr. 10 pour l'huile de foie de morue, 13 gr. 50 pour l'huile de pied de bœuf, et 13 grammes pour l'huile végétale.

Les graisses du beurre et du lait étant les plus facilement assimilées, nous avons fait une série d'expériences avec le lait lui-même.

N° 1 (*Lait bouilli. Animal sacrifié après 5 heures*). — On fait ingérer à une chienne (en lactation) une certaine quantité de lait *bouilli* non écrémé, renfermant 8 gr. 316 de graisse de lait; on la sacrifie cinq heures après. Cette expérience ainsi que les suivantes étaient faites au laboratoire de thérapeutique, pour étudier la digestibilité du lait, par MM. Gilbert et Chassevant (31) qui ont bien voulu nous confier les foies de leurs animaux.

On trouve dans l'estomac 1 gr. 698 de graisse de lait non encore digérée; la graisse restant dans l'intestin n'a pas été appréciée.

Un fragment du foie est fixé dans la liqueur forte de Flemming, coupé au 1/300e et coloré par la safranine et l'alcool picrique. A un faible grossissement, la coupe présente des îlots comprenant une assez grande quantité de gros grains noirs, séparés les uns des autres par de larges espaces, qui ne prennent pas la même coloration. Ces îlots paraissent centrés le plus généralement autour de la veine sus-hépatique. A un fort grossissement (immersion) on voit que les îlots contenant de grosses gouttelettes sont constitués par la partie centrale du lobule, et que les grosses gouttelettes de graisse sont contenues à l'intérieur des cellules hépatiques, qu'elles remplissent presque entièrement. Le noyau de ces cellules est souvent refoulé; il est toujours bien coloré, et paraît normal. Dans tout le reste du lobule, les cellules du foie ne présentent plus les grosses granulations précédentes, mais elles sont à peu près toutes parsemées d'une fine poussière noirâtre, constituée par des granulations extrêmement fines. Celles-ci sont très fréquemment réparties en traînées rectilignes, exactement dans l'axe de la travée hépatique, c'est-à-dire à égale distance des deux capillaires sanguins; cette place correspond à celle du canalicule biliaire. Il semble donc que ces minuscules gouttelettes graisseuses soient massées autour du canalicule biliaire. Il est probable que les grosses gouttelettes sont en rapport avec la lactation et que les fines gouttelettes sont en rapport avec l'absorption de la graisse du lait ingéré.

N° 2 (*Lait bouilli. 5 heures*). — On fait ingérer à une chienne noire, de 12 kilos 600, une quantité de lait *bouilli* correspondant à 1 gr. 225 d'azote et 6 gr. 237 de graisse.

On la sacrifie cinq heures après.

On constate, à l'examen histologique, que le foie est très riche en graisse; cette graisse est en granulations fines et se trouve, là encore, située dans l'axe de la travée hépatique. Il n'y a pas de grosses gouttelettes graisseuses comme dans le cas précédent, et les vaisseaux ne paraissent pas contenir de graisse, non plus que les cellules endothéliales; toute la graisse, très abondante, est par conséquent à l'intérieur des cellules hépatiques, dans l'axe de la travée.

N° 3 (*Lait cru. 6 heures*). — On fait ingérer à un chien noir de 16 kilos 500, 250 c. c. de lait *cru*, renfermant 0 gr. 872 d'azote et 5 gr. 70 de graisse.

On le sacrifie six heures après; l'estomac est complètement vide.

Une coupe du foie, examinée à un faible grossissement, paraît contenir une grande quantité de graisse occupant l'axe de la travée hépatique. A un fort grossissement, on voit que ces granulations sont très fines, qu'elles sont à égale distance des deux capillaires, au milieu de la travée; on voit de plus, dans les capillaires, un certain nombre de grosses gouttelettes graisseuses, occupant la presque totalité des cellules leucocytaires dont on n'aperçoit guère que le noyau qui est refoulé, et un léger cordon de protoplasma.

N° 4 (*Lait cru. 6 heures*). — On fait ingérer à un chien noir, de 9 kilos, 250 c. c. de lait *cru*, renfermant 0 gr. 872 d'azote et 5 gr. 70 de graisse.

On le sacrifie six heures après; l'estomac renferme des résidus de digestion antérieure.

Le foie est chargé de granulations graisseuses très fines, situées comme précédemment dans l'axe de la travée hépatique, elles sont cependant un peu moins abondantes; on voit encore de très grosses granulations dans les capillaires, elles occupent aussi la plus grande partie des cellules leucocytaires.

N° 5 (*Lait cru. 6 heures*). — On fait ingérer à un chien jaune, de 11 kilos 500, 250 c. c. de lait *cru*, renfermant 0 gr. 872 d'azote et 5 gr. 70 de graisse.

On le sacrifie au bout de six heures; l'estomac renferme des résidus de digestion antérieure.

Cette expérience est donc la même que celle du n° 4. Il est intéressant de voir que les résultats histologiques sont tout à fait comparables aux précédents. On trouve encore ici des granulations graisseuses très fines, situées dans la partie axiale de la travée, et, dans les capillaires, d'énormes granulations qui sont entourées d'une mince couche de protoplasma et d'un noyau.

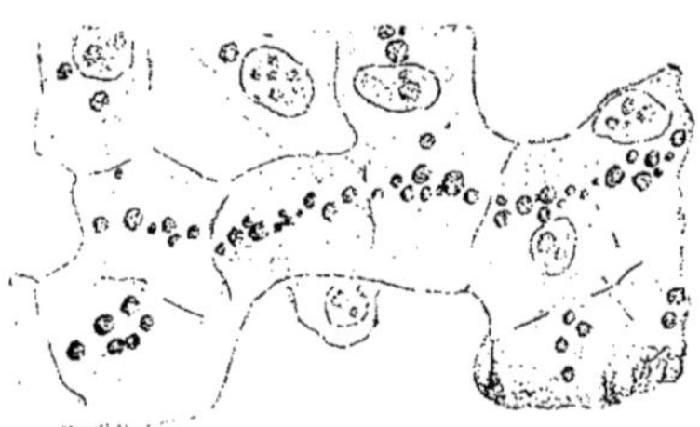

Fig. 18. — *Chien n° 5. — Digestion de lait cru* : animal sacrifié à la sixième heure, le foie est très riche en granulations graisseuses qui sont principalement réparties dans l'axe central de la cellule.

N° 6 (*Lait bouilli. 6 heures 1/2*). — On fait ingérer à un chien noir, de 6 kilos 500, une quantité de lait *bouilli* correspondant à 1 gr. 225 d'azote et 6 gr. 273 de graisse.

On le sacrifie six heures et demie après; l'estomac renferme encore 1 p. 100 d'azote et 4 p. 100 de graisse.

Une coupe du foie, examinée à un faible grossissement, présente une légère poussière noire dans les cellules, et, par contre, les capillaires renferment de grosses gouttes noires à leur intérieur. A un fort grossissement, on voit que, dans les cellules hépatiques, les granulations graisseuses sont fines, moins abondantes que précédemment et disséminées au lieu d'être réparties dans l'axe de la travée. Par contre, on observe une grosse quantité de masses noires, une dizaine dans le champ du microscope. Ces grosses masses ont le volume d'une cellule; elles sont parfois accolées à du protoplasma, mais le plus souvent il est difficile de leur reconnaître aucune structure. Parfois les cellules endothéliales en sont bourrées, ce qui constitue une accumulation linéaire en chapelet.

N° 7 (*Lait cru. 6 heures 1/2*). — On fait ingérer à un chien gris, de 8 kilos 500, 250 c. c. de lait *cru*, renfermant 0 gr. 872 d'azote et 5 gr. 70 de graisse. On le sacrifie six heures trente après : l'estomac est complètement vide. A l'examen histologique, le foie présente de fines granulations graisseuses, qui sont surtout situées au milieu de la cellule hépatique, mais on en trouve cependant ailleurs : il y a peu de chose dans les vaisseaux, rien dans les canaux biliaires.

N° 8 (*Lait bouilli. 7 heures*). — On fait ingérer à une chienne blanche, de 10 kilos, une quantité de lait *bouilli* correspondant à 1 gr. 225 d'azote et 6 gr. 237 de graisse. On la sacrifie sept heures après; l'estomac est vide.

La graisse est en assez grande quantité dans les cellules hépatiques; mais elle est encore en très petits grains, on en trouve surtout dans les cellules endothéliales qui bordent les vaisseaux; de plus, on voit de grosses gouttelettes à l'intérieur de grandes cellules, probablement leucocytaires.

N° 9 (*Lait cru. 7 heures*). — On fait ingérer à un chien jaune, de 11 kilos, 250 c.c. de lait *cru* renfermant 0 gr. 872 d'azote et 5 gr. 70 de graisse. On le sacrifie au bout de sept heures : l'estomac est vide.

La graisse existe encore en fines granulations, disséminées dans les cellules hépatiques; par contre, il y a d'énormes masses graisseuses qui remplissent tous les capillaires, et qui sont très nombreuses.

N° 10 (*Lait cru. 7 heures*). — On fait ingérer à un chien café au lait, 250 c. c. de lait *cru*, renfermant 0 gr. 872 d'azote et 5 gr. 70 de graisse. On le sacrifie sept heures après : l'estomac est complètement vide.

Une coupe du foie présente une assez grande quantité de fines granulations graisseuses, disséminées dans l'intérieur des cellules hépatiques; dans les capillaires, on observe de grosses masses noires d'osmium réduit, qui quelquefois prennent toute la lumière du canal, et qui paraissent généralement libres, sans qu'on puisse l'affirmer; quelquefois, elles se rassemblent de manière à former des masses coalescentes. Les cellules endothéliales renferment également de la graisse, en quantité très appréciable.

N° 11 (*Lait bouilli. 7 heures 1/2*). — On fait ingérer à une chienne mouton, de 9 kilos 500, une quantité de lait *bouilli* correspondant à 1 gr. 225 d'azote et 6 gr. 237 de graisse. On la sacrifie sept heures et demie après : l'estomac est vide.

Une coupe du foie, examinée à un faible grossissement, montre que toutes les cellules hépatiques sont très chargées de grosses et de petites granulations graisseuses; il s'en trouve également dans les vaisseaux. A un fort grossissement, on voit que les travées hépatiques contiennent assez uniformément une grande quantité de petites granulations qui sont encore réparties, ici, autour du canalicule biliaire; par places, se trouvent de grosses granulations. Dans les vaisseaux, on voit principalement de très grosses granulations, qui sont généralement contenues dans des éléments cellulaires libres, qui sont des leucocytes, dont la nature est d'ailleurs assez difficile à élucider, à cause de la grosse surcharge graisseuse qu'ils présentent.

Pour résumer ces expériences sur les animaux supérieurs, nous dirons que le foie emmagasine facilement des réserves adipeuses, provenant de l'alimentation; parmi les graisses, celles d'origine animale paraissent particulièrement bien fixées et assimilées; les graisses du beurre et du lait sont remarquables à ce point de vue. Puis viennent l'huile de pied de bœuf, l'huile de foie de morue, et enfin l'huile végétale, dont on retrouve dans le foie une quantité bien moindre.

Les réserves adipo-hépatiques ne se constituent qu'assez longtemps après l'absorption (le maximum a lieu après dix heures). Il est à remarquer, d'autre part, qu'au moment où le foie commence seulement à se surcharger les chylifères sont injectés d'une émulsion blanche et le canal thoracique également. Il est donc probable que la graisse arrive au foie plutôt par la circulation générale, après absorption par les chylifères, que par la veine porte : ceci explique le début tardif de la surcharge en graisse.

D'autre part, nous avons cherché si les graisses noircies par l'acide osmique n'étaient pas constituées par des savons au niveau de la veine porte. Il ne semble pas qu'il en soit ainsi; ceci encore semble être une preuve en faveur de l'origine lymphatique de la graisse absorbée.

INFLUENCE DE LA VIE GÉNITALE

Nous avons vu précédemment que l'alimentation jouait un rôle indéniable, relativement à la fonction adipo-hépatique, mais que ce rôle était incapable, à lui seul, de nous expliquer les variations saisonnières de cette fonction, chez les animaux inférieurs, et la présence permanente de la graisse dans le foie à certaines périodes, chez les Mammifères et chez l'Homme.

Nous avons vu en effet que, chez les animaux inférieurs, la graisse du foie pouvait être absente à une saison où la nourriture était particulièrement abondante, et qu'elle existait parfois, au contraire, à des périodes de nutrition ralentie.

Chez les Mammifères, nous avons vu que la graisse alimentaire surchargeait le foie quelques heures après l'absorption, mais qu'elle ne persistait pas et qu'elle disparaissait au bout de peu de temps, par transformation, ou par élimination, et que cependant, à certaines périodes, le foie de ces animaux est chargé de graisse d'une façon permanente : tel est le cas au moment de la grossesse, de la lactation, et chez les nouveau-nés.

Il semble donc qu'une autre influence capitale intervienne, qui dirige le processus, et que la graisse alimentaire ne se fixe d'une façon permanente dans le foie, que pour un certain but, lequel est essentiellement intermittent.

L'influence qui nous paraît prépondérante à cet égard, tant chez les animaux inférieurs qu'aux échelons plus élevés de la série animale, est celle de la reproduction.

On comprend d'ailleurs facilement qu'à la période de recueillement qui précède la reproduction, l'organisme se surcharge de matières nutritives, particulièrement utiles au développement des embryons.

Le foie, réservoir nutritif, participe, au premier chef, à ce processus général.

Cette hypothèse s'appuie principalement, d'une part, sur certaines *coïncidences chronologiques*, entre l'époque où le foie est surchargé de graisse et celle où a lieu la reproduction, et, d'autre part, sur les *examens histologiques et chimiques comparés des organes hépatique et génital.*

1° Les *coïncidences chronologiques* entre l'apparition de la graisse dans le foie et l'époque de la reproduction se manifestent chez les animaux inférieurs et les Mammifères.

Chez les *animaux inférieurs*, nous ne retiendrons que quelques exemples typiques parmi les espèces très communes que nous avons eues à notre portée et que nous avons pu suivre pendant toute l'année.

Chez les *Mollusques*, certains faits paraissent tout à fait probants en faveur de la théorie que nous émettons. Si on examine la durée d'activité de la fonction adipo-hépatique chez *Helix* et chez *Limax*, animaux voisins, ayant les mêmes mœurs, vivant aux mêmes endroits et s'alimentant de la même façon, on constate, ainsi que nous l'avons déjà mentionné, que chez *Helix*, la glande hépatique n'est surchargée de graisse que pendant les mois de mai et de juin. Avant cette période, les préparations histologiques à l'acide osmique n'indiquent pas trace de graisse dans le foie. Après cette période, les réserves graisseuses ont totalement disparu. Or, cette période coïncide bien avec la période de la reproduction, qui peut être fixée aux mois de juin et de juillet; elle la précède seulement un peu, comme on pouvait s'y attendre, puisque les réserves de la glande hépatique servent à la constitution des réserves embryonnaires.

Chez *Limax*, au contraire, les réserves adipeuses du foie existent plus longtemps; elles commencent à se constituer en octobre, atteignent leur apogée au mois de février, et diminuent en avril. Or, la reproduction est plus précoce chez *Limax* que chez *Helix*, et se fait généralement en juin.

Chez les *Crustacés*, que nous avons pu suivre pendant toute l'année, pour déceler la loi d'intermittence de la fonction adipo-hépatique, *Astacus fluviatilis* nous a donné les résultats suivants : Le dosage chimique des substances grasses contenues dans les glandes hépatiques d'*Astacus fluviatilis* donne, avant la ponte, 38,64 p. 100 d'extrait éthéré par rapport au foie sec; 25 jours après la ponte, 37,72 p. 100; 6 mois après la ponte, 17,09 p. 100.

Mais les chiffres de dosages chimiques sont encore moins démonstratifs que l'examen histologique : histologiquement, la graisse ne commence à apparaître dans le foie qu'à la fin de mars, elle y est manifeste d'avril en septembre et disparaît à ce moment. La fin de cette période paraît coïncider avec le développement embryonnaire et la constitution des réserves nutritives de l'œuf, puisque l'accouplement d'Astacus qui doit être consécutif à cette élaboration a lieu, d'après Chantran (10), de novembre à janvier, la ponte suivant de peu l'accouplement.

Chez les *Echinodermes*, nous citerons l'exemple d'*Asterias rubens*; ici les phénomènes sont si évidents qu'ils peuvent être suivis, pour ainsi dire, à l'œil nu : en effet, les glandes hépatiques et génitales occupent successivement la même place, à l'intérieur des bras de l'Astérie, et elles sont obligées de se supplanter l'une l'autre, puisqu'elles n'auraient pas la place pour coexister. On peut suivre facilement cette substitution; au début, le foie occupe tous les bras, l'ovaire est minime et n'occupe qu'une petite place; puis, à mesure que la glande génitale se développe, la glande hépatique se vide de son contenu et disparaît progressivement, à tel point qu'au moment de la ponte, les bras de l'Astérie sont uniquement occupés par les produits embryonnaires.

Chez les *Vertébrés*, il semble que la même loi se manifeste.

Chez les *Poissons*, la Morue, qui possède un foie très riche en graisse, est aussi une des espèces les plus fécondes, puisque chaque femelle peut pondre des millions d'œufs. Les observations histologiques relatives au processus de la formation de l'huile dans ces foies sont conformes à celle des pisciculteurs de Dildo et aux connaissances des pêcheurs et des fabricants d'huile. Ceux-ci savent, en effet, que pendant les mois de novembre, décembre, janvier et au commencement du mois de février, les foies sont maigres ou médiocrement gras; la graisse apparaît vers la fin de février, elle disparaît à partir du mois d'octobre.

Or, d'après ROUSSEL (62), la ponte des œufs dure un certain temps et atteint son maximum vers le 15 juin.

Ici, comme dans la plupart des cas, on doit également tenir compte et de l'époque de la reproduction et de la surabondance nutritive à cette période de l'année.

Nous avons examiné le foie de différentes Carpes, au mois d'avril, c'est-à-dire quelque temps avant le moment du frai, celui-ci ayant lieu à la fin de mai, et nous avons constaté que, chez les Carpes adultes, les cellules hépatiques étaient, à cette époque, *extrêmement riches* en graisse. Au contraire, les jeunes Carpes (de 5 à 6 centimètres de long), trop jeunes pour se reproduire, présentaient une glande hépatique presque entièrement dépourvue de granulations graisseuses. Ces faits concordent avec la théorie que nous soutenons.

Chez les *Batraciens* on retrouve la même loi. Le foie de la Grenouille, qui est normalement très pauvre en graisse, en présente une quantité remarquable vers la fin d'avril et au commencement de mai, c'est-à-dire à l'époque qui précède l'ovulation.

Le foie des Serpents est riche en graisse au moment de l'ovulation.

Certains *Oiseaux* présentent cette même particularité : ainsi les serins n'ont de graisse dans le foie qu'au moment de la ponte.

Les Poules, au moment de la ponte, ont une certaine quantité de graisse dans le foie. De même les Canards et les Oies, même non engraissés, ont un foie assez riche en graisse au moment de la reproduction. Les Goélands, les Poules d'eau, les Vanneaux ont également de la graisse au printemps.

Chez les *Mammifères*, la coïncidence est non moins remarquable.

Pendant la gestation, les Mammifères possèdent des réserves adipeuses notables dans le foie; ils en possèdent encore pendant la lactation. Les animaux nouveau-nés en possèdent également dans le foie pendant quelque temps; puis ces réserves diminuent progressivement; ni chez le mâle, à l'état adulte normal, ni chez la femelle, en dehors des périodes de gestation et d'allaitement, l'acide osmique ne montre pareille infiltration du foie par les graisses.

Nous avons eu l'occasion, pendant la *gestation*, d'examiner le foie d'une lapine, qui portait à ce moment sept fœtus peu avancés. A l'examen histologique le foie paraissait riche en graisse : il présentait, après fixation par l'acide osmique, une grande quantité de granulations graisseuses, situées dans les rangées de cellules qui entourent la veine centrale, gagnant quelquefois la partie moyenne et même, quoique rarement, les cellules de la périphérie. L'examen chimique nous a donné 12 gr. 72 p. 100 de graisses, par rapport à la substance sèche, dans lesquelles nous avons trouvé 0,70 p. 100 de Lécithines (phosphore de l'extrait éthéré).

Pendant tout le temps de la *lactation*, on peut observer de même, ainsi que l'a montré de Sinety (66), une infiltration de graisse dans le foie.

Ce phénomène est commun à tous les Mammifères, et aux femmes en particulier. La caractéristique de la surcharge adipeuse du foie est alors, comme l'ont indiqué Ranvier et de Sinety, de se produire au centre du lobule sanguin, autour de la veine sus-hépatique; c'est-à-dire auprès des voies d'évacuation sanguine.

Enfin, chez le *fœtus* et chez l'*animal nouveau-né*, on observe également une surcharge de graisse anormale, au niveau du foie; ces réserves coexistent avec les réserves glycogéniques. La disposition réciproque de ces réserves serait, d'après Nattan-Larrier (53), une disposition concentrique : les réserves glycogéniques étant situées au centre du lobule, autour de la veine sus-hépatique, les réserves graisseuses étant à la périphérie du lobule, près de l'espace périportal. Ces réserves graisseuses disparaissent, d'ailleurs, chez l'Homme, chez le Lapin, chez le Cobaye, peu de temps après la naissance, et ne se renouvellent plus. Les réserves glycogéniques persistent au contraire.

On voit que, d'un bout à l'autre de la série animale, on observe cette même loi de coïncidence, entre la période d'activité de la fonction adipo-hépatique d'une part, et la période de reproduction d'autre part; aussi bien chez Helix que chez Asterias, chez Astacus, chez Gallinula ou chez l'Homme, la présence dans l'organe hépatique de granulations graisseuses, décelables par l'acide osmique, coexiste toujours avec la formation de réserves embryonnaires.

2° *L'examen histologique* nous fournit, d'autre part, un second ordre d'arguments très démonstratifs, tirés de la topographie des réserves adipeuses du foie et de leurs mutations.

Chez les *Mollusques*, nous avons noté plusieurs fois, au cours de nos descriptions analytiques, les phénomènes suivants :

Il y a intrication intime des organes hépatiques et génitaux.

Chez les *Lamellibranches*, une même coupe frontale embrasse à la fois l'organe hépatique et les glandes génitales, situées dans les replis du manteau. Les deux organes se pénètrent réciproquement; il y a, entre eux, des rapports intimes de contiguïté, et, naturellement aussi, avec un système de circulation aussi rudimentaire, des rapports lacunaires directs. Les réserves nutritives du foie, évacuées de cet organe, peuvent donc être portées directement aux glandes génitales, sans être obligées de parcourir tout le circuit sanguin.

Par une disposition différente, chez *Pecten Jacobiensis*, la glande hépatique est située à la base de la glande hermaphrodite.

De même, chez les *Gastéropodes*, l'intrication des glandes hépatiques et génitales est telle, que l'ovaire est situé au milieu du foie. En effet, les œufs naissent tout à fait à la périphérie de la glande hermaphrodite, c'est-à-dire dans la partie attenante au foie, tandis que les éléments mâles naissent à l'intérieur de la glande.

On pouvait se demander si un tel rapprochement morphologique ne permettait pas des échanges directs entre la portion ovarienne de la glande hermaphrodite et la glande hépatique.

Pour élucider cette question, nous avons fait, dans la glande hépatique de l'Helix, des injections de gélatine colorée au carmin.

Une coupe, comprenant à la fois la glande hépatique et la glande génitale, nous a montré nettement qu'il existait, entre les deux organes, des communications lacunaires. La gélatine colorée avait été injectée uniquement dans la glande hépatique, et nous avons retrouvé les lacunes séparant les deux organes ainsi que les espaces interovulaires teintés par la gélatine colorée, alors que les autres organes de l'Helix n'étaient pas injectés.

Ces communications permettent de concevoir le passage direct de certaines substances, et de graisse en particulier, de la glande hépatique à la glande génitale.

Sur les coupes histologiques, il est facile d'obtenir des coupes comprenant à la fois les glandes hépatiques et génitales.

Nous y avons réussi en particulier pour les Lamellibranches, chez *Mytilus, Ostrea, Pecten, Donax, Tapes, Cardium*, etc. On voit alors nettement se dérouler les phénomènes suivants :

Dans une première phase, la glande hépatique contient, à l'intérieur de ses cellules, d'abondantes réserves adipeuses, colorées en noir par l'acide osmique; l'ovaire présente des ovules très peu développés et non entourés d'une couche de graisse.

Dans une seconde phase, la graisse quitte les cellules hépatiques et s'évacue dans les lacunes sanguines qui les entourent, en dehors de l'acinus. Les ovules ne possèdent pas encore d'enveloppe adipeuse.

Dans une troisième phase, la graisse disparaît complètement du foie; on en trouve de plus en plus dans les lacunes et surtout dans celles qui réunissent l'ovaire au foie.

Enfin, les ovules s'entourent de granulations graisseuses qui finissent par constituer une enveloppe noirâtre à l'ovule.

Chez les *Gastéropodes*, on observe histologiquement les mêmes mutations : 1° graisse dans les cellules hépatiques, 2° graisse dans les lacunes, 3° graisse dans les organes génitaux; nous renvoyons, pour la description, à la première partie de ce travail.

Chez les *Astéries*, la phase de la graisse dans les lacunes est masquée, mais on retrouve : 1° la graisse dans la glande hépatique; 2° dans les organes génitaux.

Chez les *Crustacés*, la même loi se manifeste; le foie d'*Astacus*, par exemple, présente en avril des réserves graisseuses très abondantes, alors que les autres organes n'en contiennent pas; puis, en octobre, on remarque, dans les espaces interacineux, une quantité de graisse anormale supérieure à celle de la graisse intracellulaire; à ce moment l'ovaire présente une série d'ovules de dimensions différentes, séparés par des espaces bourrés de granulations graisseuses, qui plus tard se masseront autour des ovules.

Chez *Carcinus*, on assiste également à cette même mobilisation de la graisse; on constate en effet, à un moment donné, que les espaces interacineux de la glande hépatique sont d'autant plus riches en graisse qu'ils sont plus près de la glande génitale, et que, plus tard, les ovules sont d'autant plus riches en granulations graisseuses qu'ils sont plus voisins de la glande hépatique.

Nous avons remarqué ces mêmes faits chez *Crangon vulgaris*, *Eupagurus Bernhardus*.

Chez les *Mammifères*, les phénomènes se présentent différemment, mais la netteté n'en est pas moindre; on observe en effet, en comparant des coupes de foie chez la mère et chez l'embryon, la disposition suivante :

1° Chez la *mère*, pendant la gestation, puis pendant l'allaitement, la graisse du foie est disposée *autour de la veine centrale* du lobule; c'est-à-dire auprès des voies d'évacuation sanguine; la signification de ces réserves est précisée par là même.

Il s'agit de substances prêtes à être déversées dans le torrent circulatoire et à être transportées dans d'autres tissus.

Cette disposition est d'autant plus remarquable que, dans la surcharge graisseuse, *alimentaire* ou *pathologique*, du foie des Mammifères, les réserves graisseuses sont uniformément réparties ou parfois même massées autour de l'espace porte, auprès des voies par lesquelles elles ont été amenées au foie.

2° Chez le *fœtus* ou chez le *nouveau-né*, par contre, la graisse est située autour de l'espace porte, c'est-à-dire autour des voies d'adduction; cette disposition est donc inverse de la disposition observée chez la mère. La graisse *s'évacue* du foie de la mère; elle *arrive* au foie du fœtus. Il semble donc que l'on puisse interpréter logiquement les phénomènes dans le sens de notre hypothèse, et que le sens des mutations, indiqué par la localisation histologique, montre que les réserves adipo-hépatiques de la mère sont constituées surtout *pour* le fœtus.

L'*examen chimique* est enfin, lui aussi, d'accord avec cette hypothèse. La différenciation des diverses graisses phosphorées (Lécithines) ou sulfurées (Jécorine) du foie, est encore assez peu avancée, et les méthodes de l'analyse chimique ne nous permettent pas, à ce sujet, toute la précision qui serait nécessaire pour identifier ces espèces de graisses : aussi avons-nous systématiquement dosé, non pas la Jécorine, ni le Protagon, ni même les Lécithines, mais l'extrait éthéré et le phosphore de l'extrait éthéré ou de l'extrait alcoolique; les chiffres ainsi obtenus peuvent être provisoirement rapportés à telle espèce de graisse, à la Lécithine entre autres; mais on doit faire, à ce sujet, les plus expresses réserves, car bien d'autres espèces de graisses doivent exister dans le foie, graisses mal connues et mal différenciées.

Néanmoins, en admettant cette assimilation, nous sommes frappés du fait, qui avait été observé par Dastre et Morat (17), qu'une grande partie des réserves adipeuses du foie est constituée par de la *Lécithine*. Or, cette Lécithine est une des substances les plus propres à favoriser la croissance des animaux jeunes, d'après les expériences de Danilewski. Les premières en date, à ce point de vue, ont porté sur les têtards; le savant russe a observé que la croissance des têtards recevant de la Lécithine était très accélérée, par rapport à celle des témoins, placés dans les mêmes conditions d'âge, de nourriture, de lumière, etc. Ces expériences ont été confirmées depuis par plusieurs auteurs.

La présence abondante de Lécithine dans l'œuf de poule montre, d'autre part, qu'il s'agit là d'une substance particulièrement favorable à la nutrition et à la croissance de l'embryon et d'une substance de choix pour la constitution des réserves ovulaires.

La présence dans le foie, un peu avant la constitution des réserves ovulaires, d'une substance nutritive et histogénique si remarquable, sa présence ultérieure dans les réserves de l'œuf sont encore un argument en faveur de la thèse que nous soutenons sur l'importance de la fonction adipo-hépatique relativement à la constitution ultérieure des réserves embryonnaires.

MÉCANISME DE LA FONCTION ADIPO-HÉPATIQUE

L'étude de la fonction adipo-hépatique est liée à la question de l'origine et de la disparition de la graisse accumulée dans le foie. Cette question est une des moins élucidées actuellement, et la contribution que nos recherches histologiques nous permet de lui apporter ne peut prétendre qu'à fixer certains détails.

L'origine de la graisse accumulée dans le foie peut être recherchée soit dans la fixation de la graisse alimentaire, soit dans la transformation en graisse des sucres ou des albuminoïdes.

Jusqu'à présent, la fixation, au niveau du foie, des graisses alimentaires, est seule directement démontrée. Nous avons vu que si l'on fait ingérer à un animal une certaine quantité de graisse, l'organe hépatique se surcharge de gouttelettes adipeuses; si on fait ingérer du beurre, de l'huile animale ou végétale, on retrouve, dans tous ces cas, une certaine quantité de graisse dans le foie; cette quantité est variable suivant la plus ou moins grande assimilation des graisses absorbées.

Mais on doit se demander si la graisse fixée dans le foie est de même nature que la graisse ingérée; si, par exemple, l'ingestion de beurre est suivie d'une fixation dans le foie de corps gras analogues à ceux du beurre, si l'ingestion d'huile d'olive fixe dans le foie les principes gras de cette huile. Cette question est très encore discutée et ne paraît pas près d'être tranchée. Nous rappellerons simplement les expériences de Rosenfeld (63) : on nourrit un chien après jeûne, avec de la graisse de mouton : le tissu adipeux et le foie de l'animal se surchargent de graisse de mouton; on le fait jeûner, le foie perd ses réserves graisseuses; si à ce moment on lui donne de la phloridzine, le foie se surcharge de graisse de mouton aux dépens de la graisse sous-cutanée.

Mais la dégénérescence graisseuse pathologique n'est peut-être pas comparable à la surcharge alimentaire.

Une autre question est celle de savoir si la graisse fixée dans le foie, tout en étant indépendante des acides gras (acide margarique, palmitique, etc.), est absorbée par le foie, sous forme de corps gras, de savons, ou de Lécithines.

Dans les expériences auxquelles nous faisions allusion, nous avons cherché à déterminer histologiquement si la graisse du foie était à l'état d'éthers et de savons : on lave les pièces, d'une façon prolongée, dans un courant d'eau; les savons solubles dans l'eau sont ainsi entraînés, et les graisses seules persistent. Cette expérience nous a montré nettement que, si savons il y avait, ils n'entraient que pour une faible part dans les réserves graisseuses du foie. Quant à la Lécithine, Dastre et Morat ont montré que, dans les cas de dégénérescence graisseuse, la Lécithine existait dans une grande proportion. Cette année même, BALTHAZARD (2) a remarqué que dans les dégénérescences pathologiques, il entrait, conformément aux recherches de DASTRE et MORAT, une certaine quantité de Lécithine.

Dans le foie gras alimentaire, et dans les surcharges graisseuses des animaux inférieurs, nous avons trouvé également de la Lécithine; mais si la présence de la Lécithine est démontrée, elle ne représente qu'une petite partie de la matière grasse accumulée dans cet organe; elle en constitue à peu près le 1/10 : il y a donc, dans le foie, une certaine quantité de Lécithine; mais cette quantité est toujours partielle et restreinte; nous en dirons autant de la Jécorine et de la Cholestérine.

La Lécithine est une partie constituante de l'organe hépatique, dont la quantité, d'après NOËL PATON (54), est de 255 p. 1000; quand l'animal est à jeun, la Lécithine constitue la plus grande partie de l'extrait gras et, au contraire, si l'animal est bien nourri, les graisses l'emportent sur la Lécithine.

Une autre considération liée à ce qui a trait au mode de transport de la graisse alimentaire dans le foie : vient-elle par les ramifications de la veine porte? ou provient-elle de l'absorption par les chylifères, la graisse étant déversée par le canal thoracique dans la circulation générale, et se rendant au foie par l'artère hépatique? Il est probable que les deux processus existent; ce que nous pouvons dire, c'est que l'absorption par les ramifications vasculaires de la veine porte, exigent le dédoublement des graisses en savons et en glycérine; or, nous venons de voir que la graisse fixée dans le foie n'était pas à l'état de savons; si donc l'absorption a lieu directement par les terminaisons portes, il est nécessaire d'admettre une synthèse des acides gras et de la glycérine au niveau du foie.

Enfin nous nous sommes demandé quel rôle jouait l'activité glandulaire dans la fixation ou la transformation de la graisse : nous avons, pour ce faire, étudié l'action qu'exerce la pilocarpine, excitant de la sécrétion cellulaire des glandes, sur la fonction adipo-hépatique. Nous avons fait, à ce sujet, plusieurs expériences :

EXPÉRIENCE I. — On prélève un morceau de foie sur un *Astacus fluviatilis* ayant pondu très récemment, puis on injecte dans le péritoine 3 gouttes d'une solution de nitrate de pilocarpine au 1/10 (donc 0,015 de principe actif). On sacrifie l'animal une heure après l'expérience.

A l'examen histologique on constate que la coupe prélevée avant la pilocarpine ne présente presque pas de graisse dans les cellules hépatiques; celle-ci est un peu plus abondante dans les canaux; nous sommes très problablement en présence d'un hépato-pancréas dans lequel les réserves graisseuses ont été utilisées pour la formation des œufs, et le rôle principal de la fonction adipogénique étant terminé, la graisse disparait des cellules hépatiques.

Après l'injection de pilocarpine, les granulations graisseuses sont sensiblement plus abondantes dans les cellules hépatiques.

Expérience II. — On prélève un morceau de foie sur un *Astacus fluviatilis*, puis on injecte dans le péritoine 3 gouttes d'une solution de nitrate de pilocarpine au 1/10. On sacrifie l'animal deux heures après l'expérience.

La coupe prélevée avant la pilocarpine présente une très petite quantité de granulations graisseuses dans les cellules hépatiques. Après l'injection de pilocarpine, la graisse est beaucoup plus abondante, elle se présente en grosses gouttelettes et s'échappe de la cellule, on la retrouve dans le canal glandulaire; les espaces sanguins sont également remplis de granulations graisseuses après la pilocarpine, ce qui semble indiquer que la graisse s'évacue dans le système sanguin.

Expérience III. — On prélève un morceau de foie sur un *Astacus fluviatilis* n'ayant pas encore pondu, puis on injecte dans le péritoine 6 gouttes d'une solution de nitrate de pilocarpine au 1/5, donc 0 gr. 006 de principe actif). On sacrifie l'animal quatre heures après.

Les réserves graisseuses sont plus abondantes dans le foie normal que dans les cas que nous venons d'examiner. Quatre heures après l'injection de pilocapine, les granulations graisseuses sont plus abondantes dans les cellules hépatiques; elles se retrouvent également dans les vaisseaux comme dans les expériences précédentes, mais ici en plus petite quantité, puisque la dose injectée a été moitié moindre.

Expérience IV. — On prélève un morceau de foie sur un *Helix pomatia*, puis on lui fait ingérer 3 gouttes d'une solution de nitrate de pilocarpine au 1/10. On sacrifie l'animal trois heures après l'expérience.

Après l'ingestion de pilocarpine, la graisse est beaucoup plus abondante dans les cellules de l'hépato-pancréas; de plus, on la retrouve dans les espaces interlobulaires qui représentent les vaisseaux, et il n'y en a pas du tout dans les canaux glandulaires.

Nous avons multiplié ces expériences tant chez l'*Astacus* que chez l'*Helix* et toujours nos résultats ont été comparables : après ingestion ou injection de pilocarpine, la graisse est plus abondante dans le foie, ce qui semble démontrer qu'une partie de la graisse hépatique se forme dans les cellules mêmes de l'organe.

Chez le Cobaye, nous avons déterminé tout d'abord une surcharge graisseuse par injection d'huile phosphorée (4 gouttes d'huile phosphorée à 1 p. 100); quatre jours après, nous avons injecté de la pilocarpine; nous avons sacrifié l'animal 1 h. 1/4 après : nous avons alors constaté que l'on retrouve la graisse à la base de la cellule et dans les capillaires; on en retrouve également dans les gros vaisseaux. La pilocarpine agit donc sur les cellules hépatiques pour activer la sécrétion interne de la graisse et son évacuation

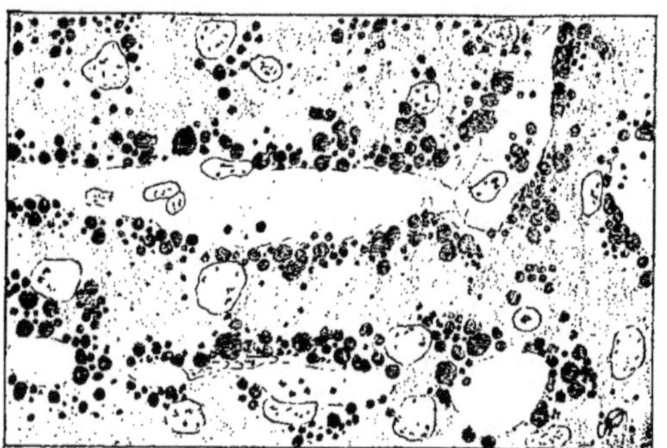

Fig. 19. — Cobaye ayant reçu de la pilocarpine, quatre jours après intoxication par l'huile phosphorée.

dans les voies vasculaires : l'évacuation de la graisse par la cellule hépatique peut donc être envisagée comme une véritable sécrétion cellulaire.

RÉSUMÉ ET CONCLUSIONS

I

Dans la *première partie* de notre travail, nous avons étudié analytiquement la fonction adipo-hépatique dans la série animale; cette étude nous a montré l'extrême généralité de cette fonction : à vrai dire, on la retrouve chez tous les animaux où l'organe hépatique est véritablement individualisé.

Cette individualisation a pour première ébauche la différenciation et l'épaississement d'une zone de l'intestin moyen; déjà, les cellules présentent alors une certaine surcharge graisseuse : c'est ce que l'on observe chez certains VERS.

Chez les MOLLUSQUES, la fonction adipo-hépatique paraît très développée; le foie est alors, à proprement parler, un hépato-pancréas. Du pancréas, il a les propriétés digestives; mais du foie, il a, en première ligne, les propriétés accumulatrices et régulatrices vis-à-vis des substances alimentaires, du glycogène et des graisses.

Chez les *Lamellibranches*, nous avons étudié un certain nombre de types : parmi les Asiphoniens, Mytilus edulis nous a présenté une fonction adipo-hépatique très développée pendant une grande partie de l'année; la quantité de graisse de l'organe varie suivant les saisons, le maximum paraissait être aux mois de septembre et octobre, le minimum au mois de mars; mais d'assez grandes variations individuelles semblent exister.

Chez Ostrea, la fonction adipo-hépatique est nulle du mois de novembre au mois de mars, puis elle est très développée aux mois d'avril et mai, c'est-à-dire un peu avant le développement des œufs, l'ovulation ayant lieu de juin à septembre.

Chez Pecten, la graisse est abondante en novembre, augmente encore en mars, où nos études se sont arrêtées.

Chez Donax trunculus, la fonction adipo-hépatique est très développée, et nous avons pu suivre la mutation de la graisse du foie à l'ovaire, les vaisseaux réunissant ces deux organes présentant, à un moment donné, une grande quantité de granulations graisseuses à leur intérieur.

Le Tapes pullaster et le Cardium edule nous ont également donné des preuves de cette mutation. En examinant ces échantillons à différentes périodes de l'année, on voit que, d'abord la glande hépatique et l'ovaire sont totalement dépourvus de granulations graisseuses; puis, celles-ci apparaissent peu à peu dans les cellules hépatiques; elles augmentent de plus en plus et deviennent si abondantes, que les détails cellulaires en sont masqués. Après une certaine période, la graisse hépatique passe dans les espaces inter-acineux et les cellules hépatiques reprennent progressivement leur état normal. Enfin, les granulations graisseuses des espaces inter-acineux passent dans les espaces interovulaires, et se disposent autour des ovules, de façon à leur constituer une couche concentrique; à ce moment, la glande hépatique a presque complètement évacué ses réserves adipeuses.

Nous avons pu constater ces mêmes faits chez les *Gastéropodes*.

L'Helix pomatia a une fonction adipo-hépatique très développée, mais pendant deux mois de l'année seulement (mai et juin); pendant les dix autres mois, le foie est complètement dépourvu de graisse.

Les réserves graisseuses du foie chez *Limax* commencent à apparaître en très petite quantité au mois d'octobre; elles augmentent graduellement, jusqu'à devenir très abondantes au mois de décembre, alors que l'animal est dans des conditions de nutrition peu favorables; puis elles diminuent jusqu'à redevenir presque nulles au mois de mai.

Cette fonction adipo-hépatique est également très développée, mais intermittente, chez le Chiton, Littorine, Limnée, Patelle, Trochus, etc.

Parmi les *Céphalopodes*, le foie de l'Octopus vulgaris nous a présenté une grande quantité de granulations graisseuses, tout au moins sur l'échantillon que nous avons examiné au mois de septembre.

Chez les Crustacés (Astacus fluviatilis, par exemple), l'étude de la fonction adipo-hépatique précise un certain nombre de données très nettes :

1° La graisse siège à peu près exclusivement au niveau du foie (réserves faites cependant pour les glandes génitales en activité).

2° La quantité de graisse est extrêmement variable suivant la saison : nulle en janvier et février, très abondante en avril (38,64 p. 100 par rapport au foie sec), cette quantité diminue déjà en mai (elle est de 37,72 p. 100) et en novembre elle n'est plus que de 17,09 p. 100. L'examen histologique montre qu'elle passe à ce moment dans la circulation, et qu'elle se concentre au niveau de l'ovaire.

3° A mesure que les réserves du foie disparaissent, les réserves de l'ovaire augmentent; la transition est décelée par l'existence de granulations graisseuses dans les lacunes.

Chez les Carcinus, la fonction adipo-hépatique est encore plus développée, ainsi que l'a montré M. Dastre; on observe néanmoins de grandes variations saisonnières, et si nous avons trouvé la glande hépatique extrêmement riche en graisse au mois de mai, il n'en est pas de même en septembre, où les granulations sont assez rares, certains acini en étant même quelquefois dépourvus.

Chez les Vertébrés, la fonction adipo-hépatique est très développée chez les animaux à sang froid; elle existe également chez les animaux à sang chaud, mais d'une façon intermittente, et seulement dans certaines conditions physiologiques.

Les *Poissons* ont des réserves graisseuses et huileuses connues depuis longtemps.

Chez les *Cyclostomes*, le foie de l'Ammocœtes branchialis (larve de Petromyzon Planeri) est riche en graisse.

Chez les *Sélaciens*, le foie des Raies est gras, et l'huile de foie de Raie, que l'on peut facilement extraire, est employée en matière médicale; il en est de même de l'huile de foie de Squale.

Chez les *Téléostéens*, la Morue est très remarquable par sa richesse en graisse hépatique, et l'huile de cet organe est un des plus anciens remèdes opothérapiques. De même, Salmo salar, Clupea harengus, Trutta fario, Gadus merlangus, Anguilla vulgaris Cyprinus carpio, etc., que nous avons examinés, présentent, à l'intérieur des cellules hépatiques, des quantités importantes de graisse.

Chez les *Amphibiens*, la fonction adipo-hépatique est presque nulle à l'état normal; la Salamandre ne présente de la graisse dans le foie qu'à certaines périodes physiologiques : suralimentation ou développement sexuel. Il en est de même de la Grenouille, chez laquelle l'acide osmique ne révèle une quantité appréciable de granulations graisseuses dans les cellules hépatiques qu'au moment du développement des œufs, c'est-à-dire vers le mois d'avril.

Chez les *Reptiles*, la même loi se manifeste : parmi les *Sauriens*, le Lézard présente un foie riche en graisse. En juillet, parmi les *Ophidiens*, nous avons pu examiner un Serpent dont l'utérus renfermait 8 œufs, et nous avons constaté que les cellules hépatiques étaient bourrées de grosses et de petites granulations graisseuses alors que le foie d'un Serpent sans œuf en était presque dépourvu. Enfin parmi les *Chéloniens*, le foie des Tortues, examiné au mois de mars, présente peu de granulations graisseuses; on en trouve au contraire beaucoup vers le mois d'octobre.

Chez les *Oiseaux*, on remarque que les jeunes poulets présentent un foie extrêmement riche en granulations graisseuses; que celles-ci disparaissent rapidement après l'éclosion, et que ce n'est que plus tard, sous l'influence de certaines conditions physiologiques, que la fonction adipo-hépatique est de nouveau très active : par exemple au moment de la ponte, ou d'une alimentation surabondante. De même les Oies ne présentent pas de graisse hépatique à l'état normal; on sait néanmoins qu'à certaines périodes, précédant celle de l'ovulation, le foie peut se surcharger de réserves adipeuses, à tel point qu'il ne forme plus qu'une énorme masse de graisse (foie de volaille). Les Oiseaux aquatiques (Grèbes, Vanneaux, Poules d'eau, Mouettes, etc.) ont un foie riche en graisse; c'est peut-être pour cette raison que le foie des Canards et des Oies, (animaux d'origine aquatique) s'adapte plus facilement à un engraissement complet que le foie des autres oiseaux.

Chez les *Mammifères*, le foie présente, à l'état normal, une quantité de graisse minime, qui ne peut être décelée par l'acide osmique; il n'en est pas de même chez les femelles en gestation, et pendant l'allaitement; les cellules hépatiques sont alors bourrées de granulations graisseuses tout autour de la veine centrale; la disposition topographique de la graisse est inverse chez le nouveau-né, où elle est massée à la périphérie du lobule, auprès du réseau porte.

Nous ne nous occuperons pas, dans ce travail, des surcharges ou dégénérescences graisseuses du foie : on sait que, chez les Mammifères et chez l'Homme, un certain nombre de poisons (phosphore, arsenic, alcool, toxines de la fièvre jaune, de la tuberculose, etc.), déterminent une stéatose très importante du foie.

Pendant le travail physiologique de la digestion, chez les animaux qui ont ingéré précédemment du lait, ou un autre aliment gras, les cellules hépatiques retiennent des gouttelettes graisseuses, principalement à la périphérie du lobule hépatique. Cette surcharge est d'ailleurs transitoire, et disparaît assez vite, ainsi que nous l'avons expérimentalement constaté.

Il est à remarquer que les Mammifères aquatiques tels que la Baleine, le Cachalot, le Phoque, présentent un foie très riche en graisse. Ces huiles sont recueillies, et utilisées dans le commerce: les habitants des régions polaires boivent l'huile de Baleine avec plaisir; on falsifie souvent l'huile de foie de Morue, en y mélangeant de l'huile de Phoque, beaucoup plus abondante, et par là moins coûteuse (Douzard).

II

Dans la *deuxième partie* de notre thèse, nous avons cherché à coordonner les matériaux analytiques contenus dans la première partie, et recueillis dans toute la série animale, en vue de préciser le but physiologique, et les lois causales de la fonction adipo-hépatique.

La caractéristique de cette fonction est, selon nous, sa très grande intermittence : c'est en comparant les variations observées à cet égard chez les différents animaux, et en les rapprochant d'autres actes physiologiques, également intermittents, qu'il nous a paru possible d'établir entre les uns et les autres un lien de causalité.

L'intermittence de la fonction adipo-hépatique se présente suivant quelques types différents que nous allons résumer.

1° Dans un premier type, chez un petit nombre d'animaux (*Mytilus edulis*, par exemple, ou quelques Poissons) la fonction adipo-hépatique est continue, mais avec renforcements : le foie contient de la graisse toute l'année, mais avec des variations quantitatives nettes suivant les saisons.

On pourrait, à la rigueur, comprendre dans ce premier type un grand nombre d'animaux, dans le foie desquels l'examen histologique ne révèle de la graisse que pendant peu de temps, mais chez lesquels l'analyse chimique en isole toujours une certaine quantité, non décelable par les réactifs histologiques.

2° Dans un deuxième type, très fréquent, la fonction adipo-hépatique ne se manifeste que pendant une certaine période de l'année : par exemple, chez *Helix*, le foie se charge progressivement de graisse du mois de mai au mois de juin, et en est dépourvu le reste de l'année ; chez *Limax*, la graisse n'existe dans le foie que du mois d'octobre au mois de mai ; chez *Cardium*, au contraire, du mois de mai au mois d'octobre ; chez *Astacus*, du mois d'avril au mois de novembre, etc.

Cette périodicité est la règle pour la plupart des animaux ; elle a ce caractère de comprendre des périodes très variables de durée chez les différents animaux (de quelques semaines à quelques mois), et ne coïncidant pas les unes avec les autres; la graisse apparaissant tantôt au mois de novembre (Limax), tantôt au mois de mars ou avril (Astacus, Ostrea), tantôt aux mois de mai et de juin (Helix, Cardium), ou bien encore aux mois de juillet et août (Littorines).

3° Enfin, dans un troisième type, l'intermittence de la fonction adipo-hépatique ne coïncide pas avec la périodicité des saisons; mais elle survient, quelle que soit l'époque de l'année, en concordance avec certains phénomènes physiologiques, qui précisément ne sont plus périodiques, tels que la gestation et l'allaitement; c'est, en particulier, ce qui se passe chez les animaux supérieurs et chez l'homme

Il nous paraît important de connaître les raisons d'être de ces intermittences fonctionnelles, pour trouver, du même coup les raisons d'être de la fonction adipo-hépatique elle-même. Nous avons donc étudié, à ce point de vue, l'influence du genre de vie, celle de la chaleur propre à l'animal et du milieu ambiant, celle des saisons, celle de l'hibernation, toutes influences qui nous paraissent secondaires, et enfin, l'influence de l'alimentation d'une part, celle de la reproduction sexuelle d'autre part, qui semblent avoir une importance beaucoup plus considérable.

L'*influence du genre de vie*, aquatique. amphibie ou terrestre, peut jouer un certain rôle dans la surcharge graisseuse du foie; en effet, d'une façon très générale, les animaux qui vivent dans l'eau et qui s'isolent du liquide ambiant par une couche de graisse, ou par une sécrétion huileuse, semblent accumuler dans leur foie des réserves de graisse en rapport avec cette fonction spéciale; tel est le cas, par exemple, pour les oiseaux aquatiques (Gallinula, Pluvier, etc.). Mais les exceptions à cette règle sont nombreuses : nombreux sont les animaux terrestres à réserves adipo-hépatiques très abondantes. Enfin, la vie aquatique permanente n'explique nullement les alternances saisonnières qui nous occupent.

L'*influence de la chaleur propre de l'animal* et celle de la *température ambiante* peuvent avoir également quelque influence : il semble que, d'une façon très générale, les réserves adipeuses du foie existent plutôt chez les animaux à sang froid (Mollusques, Crustacés, Poissons), et que, chez les animaux à sang chaud, les réserves hépatiques soient principalement glycogéniques. Mais cette règle n'a rien d'absolu et les exceptions sont nombreuses.

Inversement, le froid ambiant détermine l'isolement de l'organisme par une couche graisseuse sous-cutanée abondante qui sert, en même temps, de réserve de combustible; or, la surcharge en graisse du tissu conjonctif entraîne souvent une légère accumulation de graisse dans la glande hépatique; mais, là encore, on ne peut parler de loi générale, car les exceptions sont nombreuses, et cette influence secondaire est voilée par d'autres influences beaucoup plus importantes.

Nous avons fait d'ailleurs, à cet égard, quelques expériences qui ont donné des résultats peu concluants, sur le refroidissement des animaux à sang chaud, l'échauffement des animaux à sang froid, et sur l'influence de ces variations, relativement à la teneur en graisse du foie.

L'*influence des saisons* se confond, pour une part, avec les précédentes; là encore, les résultats sont trop contradictoires pour que l'on puisse établir une loi générale. Nous avons vu que, même chez des animaux très voisins, à alimentation presque identique, tels que Limax et Helix, la graisse hépatique n'existe pas au même moment (mai et juin chez Helix, de novembre à avril chez Limax). Des influences contradictoires interviennent, d'autre part, à ce point de vue. A la belle saison, l'alimentation est plus abondante et permet l'emmagasinement de réserves ; mais à l'approche des froids et des disettes nutritives, il y a, par contre, utilité pour l'organisme à emmagasiner des réserves pour l'hibernation.

Si les influences précédemment énumérées sont relativement négligeables, il n'en est pas de même pour le rôle que jouent l'alimentation d'une part, et d'autre part, la constitution des réserves embryonnaires au moment de la reproduction.

L'influence de l'alimentation est évidemment très importante : la *nature* de l'alimentation influe tout d'abord; en effet, l'alimentation par les graisses et spécialement par les graisses animales, surcharge le foie davantage que l'alimentation par les graisses végétales, par les hydrates de carbone, et surtout par les albuminoïdes. Néanmoins, toutes ces catégories d'aliments peuvent déterminer le dépôt de graisses dans le foie; à ce point de vue, l'observation est d'accord avec l'expérience.

L'observation montre que le foie est plus gras chez les animaux bien nourris; il devient particulièrement riche en graisse par suite du gavage alimentaire, comme on le pratique depuis longtemps chez les volailles.

Expérimentalement, nous avons analysé le mécanisme de la fixation des graisses alimentaires au niveau du foie. Nous avons montré que la nature des graisses ingérées influe beaucoup sur cette fixation hépatique. Des cobayes nourris avec des graisses animales (beurre ou crème) ont, au bout de huit à dix heures, un foie surchargé de graisse; les témoins nourris avec une même quantité d'huile de pied de bœuf en ont beaucoup moins; ceux nourris avec de l'huile de foie de morue en ont moins encore, et ceux nourris avec des graisses végétales en ont emmagasiné fort peu dans le foie.

Cette graisse se retrouve dans le foie, non sous forme de savons, ni d'acides gras, mais sous forme de graisse, ainsi que nous avons pu nous en assurer, grâce à une technique nouvelle de différenciation histologique; elle doit donc avoir été absorbée, non par les vaisseaux portes, mais par le canal thoracique, apportée au foie par la circulation générale et fixée seulement à son niveau, grâce aux propriétés spécifiques de cet organe. Cette graisse disparaît rapidement de la cellule hépatique, et on ne la retrouve plus après quelques jours, dans les conditions de la vie normale.

Il est donc nécessaire de reconnaître la part très importante de l'alimentation dans la constitution des réserves adipo-hépatiques. D'ailleurs la graisse, fixée au niveau du foie, vient évidemment des aliments ingérés, qu'il s'agisse de la fixation des graisses ingérées ou de la transformation en graisse des albuminoïdes et des hydrates de carbone.

Mais, si l'alimentation explique le mécanisme de la fonction adipo-hépatique, elle n'en explique pas la *finalité*; en effet, un animal a besoin d'un excédent de nourriture pour charger son foie de graisse, mais cet excédent nutritif ne suffit pas, à lui seul, pour déterminer une pareille surcharge hépatique; dans nos expériences, nous avons vu que celle-ci était très éphémère et disparaissait après quelques jours. Les éleveurs de volaille ont reconnu depuis longtemps que le même gavage ne déterminait pas la même surcharge graisseuse du foie, à n'importe quel moment, et que l'on ne pouvait obtenir des foies gras remarquables que pendant les mois d'hiver, c'est-à-dire avant l'époque de la reproduction.

L'alimentation surabondante est donc nécessaire, mais non suffisante pour déterminer des réserves adipo-hépatiques ; on doit donc faire intervenir une autre influence dirigeante, pour expliquer qu'à certains moments, avec une même alimentation, le foie tend plus spécialement à se surcharger de graisse. L'alimentation explique le mécanisme de la fonction adipo-hépatique, elle n'en explique pas la finalité.

L'*influence de la vie génitale*, agissant surtout par la constitution, à l'époque de la reproduction, de réserves embryonnaires, nous paraît être, surtout et avant tout, la cause directrice principale de la fonction adipo-hépatique.

Nous avons cherché à mettre cette influence en lumière de différantes façons :

1° Par la loi d'alternance saisonnière de cette fonction. Chez les animaux inférieurs, par exemple, on peut citer comme exemples typiques, Helix et Limax, qui, ayant la même nourriture, ont une surcharge graisseuse à un moment différent de l'année, qui correspond à la période de la reproduction, différente chez ces deux espèces.

On retrouve, chez les Astéries, la même alternance, la fonction adipo-hépatique étant développée avant la période génitale, et la glande hépatique se vidant de ses réserves au profit de la glande génitale.

Chez les Vertébrés, on remarque une même loi de périodicité de la fonction, bien que celle-ci soit moins soumise à l'alternance des saisons. Néanmoins, il est de règle que la fonction adipo-hépatique s'observe surtout au moment de la gestation, au moment de l'allaitement et pendant les premiers moments de la vie embryonnaire.

2° L'étude histologique montre la migration de la graisse, des glandes hépatiques aux glandes génitales, chez *Mytilus*, *Ostrea*, *Donax*, *Tapes*, *Cardium*; chez *Helix*, *Limax*, *Chiton*, *Littorines*; enfin chez *Astacus*, *Carcinus*, etc.

Chez les animaux supérieurs, la disposition de la graisse, au niveau du centre sus-hépatique chez la mère, au niveau du centre portal d'arrivée sanguine chez le fœtus, indique le passage de la graisse du foie de la mère au foie du fœtus.

3° L'étude chimique des graisses accumulées dans le foie, étude encore trop peu avancée pour qu'on puisse en utiliser les données, indique, comme l'avait vu Dastre, que la fixation se fait. dans toute la série animale, en grande partie, sous forme de Lécithines, Protagon, Jécorine. Or, ces différentes substances ont, sur le développement embryonnaire, une influence qui a été bien étudiée, depuis les travaux de Danilewsky. On comprend donc que les raisses de réserve du foie agissent, vis-à-vis des embryons, non seulement comme combustibles accumulés, mais encore comme substance excito-formatrice particulière.

Il résulte de cette vue d'ensemble, que la fonction adipo-hépatique, développée dans toute la série animale, est une fonction principalement liée à la fonction génitale, aussi bien chez le mâle que chez la femelle, et que, si elle est commandée par l'alimentation, aux dépens de laquelle se constituent les réserves adipeuses, elle est nécessitée surtout par la constitution de réserves embryonnaires.

Nous croyons avoir démontré qu'il existe, entre les glandes hépatiques et génitales, une certaine synergie, et que la fonction adipo-hépatique est une fonction de réserve, dont l'utilité est grande aussi bien pour l'individu que pour sa descendance.

INDEX BIBLIOGRAPHIQUE

1. Baldi. — Einige Bemerküngen ueber die Werbreitung des Jekorins im thierischen Organismus, *Du Bois Archiv*, 1887.
2. Balthazard. — Les Lécithines du foie à l'état normal et à l'état pathologique, *C. R. Soc. Biologie*, 1901. — Les Lécithines des foies gras d'oies, *C. R. Soc. Biologie*, décembre 1901.
3. Cl. Bernard. — *Leçons sur les phénomènes de la vie*, Paris, Baillière, 1878.
4. Bonnamour et Policard. — Sur la graisse des capsules surrénales de la Grenouille, *C. R. Soc. Biologie*, 1903.
5. Bourquelot. — Recherches sur la digestion des Mollusques Céphalopodes, *Arch. de Zoologie expér.*, 1885.
6. Bidermann et Moritz. — Leber der Mollusken, *Arch. phys. Pflugger*, 1899.
7. Carnot et Deflandre. — La fonction adipo-pexique dans ses rapports avec la nature des graisses ingérées, *C. R. Soc. Biologie*, décembre 1902.
8. Cattaneo. — Sulla struttura dell'intestino del Crostacee decapodi e sulle loro glandula.
9. Cazin. — Appareil gastrique des Oiseaux, *An. des Sciences Naturelles*, t. IV, Paris, 1887.
10. Chantran. — Observations sur l'histoire naturelle de l'Écrevisse, *C. R. Acad. des Sciences*, 1870-1871-1872.
11. Chustschowa Anna. — Uber das Verhalten der Leberlecithines bei einigen Vergiftüngen, *Ing. Diss. Bern.*, 1901.
12. Cornil et Ranvier. — *Manuel d'histologie pathologique*, 1884.
13. Cuénot. — Étude physiologique sur les Gastéropodes pulmonés, *Arch. de Biologie*, 1892, et *Arch. de Zool. expérim.*, 1899.
14. Cuvier. — *Leçons d'Anatomie comparée*, t. IV, Paris, 1799.
15. Dastre A. — La chlorophylle du foie chez les Mollusques, *Journ. de Physiol. et de Pathol. générale*, t. I, p. 111, 1899.
16. Dastre A. — Sur la répartition des matières grasses chez les Crustacés, *C. R. Soc. Biologie*, 1901.
17. Dastre et Morat. — Graisses et Lécithines, *C. R. Soc. Biologie*, 1879, et *C. R. Académie des Sciences*, 1879.
18. Deflandre Cl. — Fonction adipogénique du foie chez les Mollusques, *C. R. Soc. de Biologie*, 1902.
19. Deflandre Cl. — Rôle de la fonction adipogénique du foie chez les Invertébrés, *C. R. Académie des Sciences*, 1902.
20. Dowzard. — Recherche de l'huile de phoque dans l'huile de foie de morue, *Journ. de Pharmacie et de Chimie*, 1899.
21. Drechsel. — Ueber einen neuen Schwefel ünd Phosphorhaltigen Bestandheil der Leber, *Journ. f. prakt. chemie*, N. F. T. 33, 1886, p. 425, et *Zeitschrift f. Biologie*, N. F. T. 15, 1896, p. 88.
22. Enriques P. — H. fegato dei Molluschi e le sue funzioni, *Mittel. Zool. stat. zu Neapel*, 1901.
23. Johannes Fibiger. — Ueber die Entwickelung der fettigen Degeneration, *Nordiskt medicinskt Arkiv.*, XXXIV, 1901.
24. Henri Fischer. — *Recherches sur la Morphologie du foie des Gastéropodes*, Thèse ès sciences, Paris, 1892.

25. Frenzel. — Ueber die Mitteldarmdrüse der Crustaceen, *Mittheilungen aus der zool. Stat. zu Neapel*, 1883. — Ueber den Darmkanal der Crustaceen, *Arch. f. microsc. anat.*, 1885.

26. Frerichs. — *Klinik der Leberkrankheiten*, 1858.

27. Garnault. — *Recherches anatomiques et histologiques sur le Cyclostoma elegans*, Thèse ès sciences, Bordeaux, 1887.

28. Giard A. — Sur une fonction nouvelle des glandes génitales chez les Oursins, *C. R. Académie des Sciences*, 5 novembre 1877, p. 858.

29. Giard A. et Bonnier J. — Contributions à l'étude des Bopyriens, *Travaux du Laboratoire de Wimereux*, 1887, p. 139 et suiv.

30. Gilbert et Carnot. — *Les fonctions du foie*, Naud, Paris, 1902.

31. Gilbert et Chassevant. — Digestion du lait dans l'estomac, *C. R. Soc. Biologie*, juillet et novembre 1902.

32. Gravier Ch. — *Recherches sur les Phyllodociens*, Thèse de sciences, Paris, 1896.

33. Gadow. — Versuch einer wergleichenden Anatomie des Verdauungssystemes der Vögel, *Jenaische Zeitschr.*, t. XIII, Neu Folge, VI.

34. Hammarsten. — Lehrbuch der physiologischen Chemie, *Wiesbaden*, 1899.

35. Hœckel. — De quelques phénomènes de localisation minérale et organique dans les tissus animaux, *Journ. de l'Anat. et de la Phys.*, 1875.

36. Jacobsen. — Ueber die Aetterlöslichen reduzierenden Substanzen des Blustes und der Leber, *Skand. Arch. f. physiol.*, t. VI, 1895, p. 263.

37. Jourdan E. — Histologie du genre Eunice, *Annales des Sc. Nat.*, 7e série, t. II, 1887. — Étude anatomique sur le Siplonostoma diplochaitos, *Annales du Mus. Hist. Nat.*, Marseille, t. III, 1887.

38. Krukenberg. — Zur Verdauung bei den Krebsen, *Unters. a. d. physiol. der Univ. Heidelberg*, 1878.

39. Lapicque. — *Observations et expériences sur les mutations organiques du fer chez les Vertébrés*, Thèse ès sciences, Paris, 1897.

40. Hans-Leo. — Fettbildung und Fett. transport bei Phosphorintoxication, *Zeitschr. f. physiol. chem.*, t. IX, 1885.

41. Lépine, Eymonnet et Aubert. — Sur la proportion du phosphore incomplètement oxydé contenue dans l'urine, spécialement dans quelques états nerveux, *C. R. de l'Académie des Sciences*, janvier 1884.

42. Lépine. — Sur la relation existant entre l'état graisseux du foie (avec augmentation de la proportion de la Lécithine hépatique) et le phosphore incomplètement oxydé de l'urine, *C. R. Soc. Biologie*, novembre 1901.

43. Lereboullet. — Mémoire sur la structure intime du foie, et sur la nature de l'altération connue sous le nom de foie gras, *Mémoire Académie de Médecine*, 1853.

44. Leydig. — *Traité d'histologie de l'homme et des animaux*, trad. fr., Paris, Baillière, 1866.

45. Loisel. — Sur l'emploi d'une ancienne méthode de Weigert dans la spermatogénèse, *C. R. Soc. Biologie*, avril 1903.

46. Mac Munn. — On the gastric gland of Mollusca an Decapod Crustacea its structure and functions, *Phil. transactions*, 1900.

47. Manasse P. — Ueber zuckerabspaltende phosphorhaltige Körper in Leber und Nebenniere, *Z. f. physiol. chemie*, t. XX, 1895, p. 478.

48. Mann. — *Physiological histology*, 1902.

49. Mariot Didieux. — *Guide pratique de l'éducation lucrative des Oies et des Canards*, 1902.

50. Milne-Edwards. — *Histoire naturelle des Crustacés*, 1884.

51. Muller J. — *Ueber den Bau und die Lebenserscheinungen des Amphioxus*, Pl. V, fig. 1, 1884.

52. Mulon P. — Note sur une réaction colorante de la graisse des capsules surrénales de Cobaye, *C. R. Soc. Biologie*, avril 1903.

53. Nattan Larrier. — Note sur la structure du foie des nouveau-nés, *C. R. Soc. Biologie*, avril 1900.

54. Noel Paton. — Relation of liver to Fats, *Journ. of Physiol.*, t. XIX, 1895.

55. Perls. — *Centralbl. f. d. med. Wissensch.*, t. XI, p. 801.
56. Perrier Ed. — *Traité de zoologie*, Paris, Masson, 1893-1903.
57. Plateau. — Crustacès, *Dictionnaire physiol. de Richet.*
58. Pouchet G. — *Traité d'histologie.*
59. Regaud. — *Arch. d'anat. microsc.*, 1901.
60. Renaut. — *Traité d'histologie pratique*, Paris, Lecrosnier et Babé, 1899.
61. Richet et Chassevant. — Fonction uropoiétique du foie chez les Oiseaux, *C. R. Académie des Sciences*, 1896, et *C. R. Soc. Biologie*, 1897.
62. Roussel. — *Huile de foie de morue*, Thèse École de Pharmacie, 1900.
63. Rosenfeld. — Ueber Fettvanderung, *Maly's Jahresber.*, t. XXV, p. 44, et cité par Limmert dans *Pflüger's Arch.*, t. XI, Breslau, *XV*e *cong. f. im. med.*, 1897.
64. Sacchi Maria. — Contrib. all'istologia ed embryologia dell'apparecchio dirigente dei Batraci e dei Rettili, *Atti della Societa Ital. di Scienze nat.*, t. XXIX, Milano, 1886.
65. St-Hilaire (C. de). — Sur la résorption chez l'Écrevisse, *B. a. Roy.*, Belgique, 1892.
66. Sinety (de). — De l'état du foie chez les femelles en lactation, *C. R. Académie des Sciences*, 1872 (Thèse de Paris, 1873).
67. Schneider. — *Lehrbuch der wergleichenden Histologie Thiere*, Iena, 1902.
68. Siegert F. — Das Verhalten des fettes der Antolyse der Leber, *Beiträge zür chemischen Physiologie und Pathologie*, t. I, p. 183, 1902.
69. Vogt et Yung. — *Traité d'Anatomie comparée*, Paris, Reinwald, 1890.
70. Wiedersheim. — *Traité d'anatomie comparée des Vertébrés*, Paris, 1890.
71. Willis Th. — *Pharmac. raction sive di medic. operat.*, sect. II, cap. II, p. 125.

TABLE DES MATIÈRES

www.ingramcontent.com/pod-product-compliance
Ingram Content Group UK Ltd.
Pitfield, Milton Keynes, MK11 3LW, UK
UKHW021100200726
13857UKWH00003B/1040

9 782013 073745